ABHANDLUNGEN DER DEUTSCHEN AKADEMIE
DER WISSENSCHAFTEN ZU BERLIN

*Klasse für Mathematik, Physik und Technik*

*Jahrgang 1960 Nr. 3*

*KURT-R. BIERMANN*

# VORSCHLÄGE ZUR WAHL VON MATHEMATIKERN IN DIE BERLINER AKADEMIE

Ein Beitrag zur Gelehrten- und Mathematikgeschichte
des 19. Jahrhunderts

AKADEMIE-VERLAG · BERLIN

1960

Vorgelegt von Hrn. Schröder in der Gesamtsitzung vom 25. Februar 1960
Zum Druck genehmigt am gleichen Tage, ausgegeben am 15. Oktober 1960

Erschienen im Akademie-Verlag GmbH, Berlin W 8, Leipziger Straße 3-4
Lizenz-Nr. 202 · 100/736/60

Gesamtherstellung: IV/2/14 · VEB Werkdruck Gräfenhainichen · 1377
Bestellnummer: 2001/60/I/3
Preis: DM 7,50
Printed in Germany
ES 19 A

*Herrn Prof. Dr. techn. Wiss. habil., Dr. rer. nat. h. c.*

JOSEPH EHRENFRIED HOFMANN

*gewidmet*

*zur Vollendung des 60. Lebensjahres am 7. März 1960*

## Inhaltsverzeichnis

# 1.

Welche Quellen informieren uns über die Beurteilung von Mathematikern des vorigen Jahrhunderts durch ihre zeitgenössischen Fachkollegen? Da sind die Korrespondenzen zu nennen, denn wir finden in Briefen sehr häufig derartige Urteile. Außerdem stellen natürlich die Nachrufe, angefangen bei den meist kurzen Gedenkartikeln in mathematischen Zeitschriften und Organen über gedruckte Gedächtnisreden bis zu den großen Nekrologen in den Akademieschriften, eine sehr wichtige Quelle dar (von anderen *posthumen* Einschätzungen sehen wir hier ab). Solche Nekrologe sind nicht sehr zahlreich: Nicht alle bedeutenden Mathematiker sind ordentliche Akademiemitglieder gewesen, und nicht alle Akademiker haben eine solche Würdigung erfahren. Aber die Nekrologe z. B. auf C. G. J. JACOBI durch DIRICHLET [1]), auf DIRICHLET durch KUMMER [2]) und auf KRONECKER durch FROBENIUS [3]) gehören zu den klassischen Nachrufen. Ferner bieten eine Unterrichtsmöglichkeit in einigen Fällen Ministerialakten; denken wir nur an die Gutachten, die CRELLE über ABEL [4]), JACOBI [5]), EISENSTEIN [6]) und DIRICHLET [7]) abgegeben hat. Es gibt indessen noch zwei weitere Arten (wenn wir gelegentliche Urteile in Rezensionen oder die Ausnahme bildende öffentliche Polemiken nicht in Betracht ziehen) von Quellen, die bisher kaum benutzt worden sind: die Berufungsverhandlungen an Universitäten und Technischen Hochschulen und die Wahlvorgänge in Akademien und gelehrten Sozietäten. Die Berliner Universitätsakten sind z. B. in dieser Hinsicht außerordentlich ergiebig und wurden erstmalig zum diesjährigen Jubiläum der Humboldt-Universität ausgewertet [8]). Bei Berufungen sind sehr eingehende und umfassende [9]), z. T. auch sehr harte Urteile über die in Frage kommenden Persönlichkeiten abgegeben worden.

Hier erhebt sich die Frage, inwieweit wir überhaupt solchen Urteilen Aussagekraft beimessen können. Jede der in den vorstehenden Zeilen aufgeführten Quellenarten, wenn wir so sagen dürfen, hat ihre Besonderheiten. Diese muß man kennen und berücksichtigen, wenn man die Frage entscheiden will, inwieweit ihnen Objektivität beizumessen ist.

Briefliche Urteile entspringen häufig momentanen Stimmungen, sie sind ursprünglich nicht zur Publikation bestimmt gewesen und können nicht immer in Anspruch nehmen, die wohlabgewogene Meinung des Briefautors widerzuspiegeln. Charakter des Schreibers, Zweck des Briefes, Verhältnis zu anderweitigen Äußerungen über das gleiche Thema, Stellung zum Briefempfänger dürfen nicht außer acht gelassen werden. Bei Nachrufen ist zu berücksichtigen, daß die Autoren zumeist Freunde des Verstorbenen sind und sich zudem von dem Wahlspruch leiten lassen: De mortuis nil nisi bene. Ursprünglich hieß der Nekrolog in der Akademie-Terminologie Éloge! Aber gerade die oben genannten drei berühmt gewordenen Gedächtnisreden beweisen uns, daß Nachrufe durchaus zu den wertvollsten Quellen zählen können, insbesondere wenn sie aus persönlicher Bekanntschaft schöpfen können und daher Züge enthalten, die sonst nirgends aufgezeichnet worden sind. Bei amtlichen Gutachten einschließlich derjenigen in Berufungsangelegenheiten ist wieder der Zweck der Ausführungen zunächst zu bedenken, wenn über die Treffsicherheit der Ausführungen geurteilt werden soll: Gilt es beispielsweise einen vom Ministerium ins Auge gefaßten Anwärter für einen Lehrstuhl, der den Mathematikern der Fakultät nicht genehm ist (hierfür sind die Gründe zu ermitteln), abzuwehren, werden die Beurteilungen sehr scharf ausfallen; der hingegen der Fakultät genehme oder gar der von ihr selbst gewünschte Kandidat wird verhältnismäßig reich mit Lob bedacht. So ist allen solchen Urteilen gegenüber eine kritische Einstellung unumgänglich.

Das gilt in gleicher Weise bezüglich Berliner akademischer Wahlvorschläge, denen wir uns heute hier zuwenden wollen. Einst hießen solche Vorschläge Laudationes, und es ist selbstverständlich, daß die, die einen Fachkollegen in die Akademie bringen wollten, mit rühmenden Erhebungen nicht gespart haben. Aber wir werden sehen, daß die Vorschläge durchaus nicht etwa billige Lobhudeleien darstellen, sondern daß in ihnen viele sehr wertvolle Urteile, in biographischer und mathematischer Hinsicht interessant, enthalten sind, daß auch die Kritik, wenngleich bisweilen nur zwischen den Zeilen, zu ihrem Recht kommt, und daß diese Wahlvorschläge Quellen darstellen, die unbedingt für die mathematikhistorische Forschung herangezogen zu werden verdienen. Noch enden die meisten Darstellungen der Mathematikgeschichte mit dem Jahr 1800 oder spätestens 1850, aber die Zeit rückt weiter, und es gilt, die Materialien zugänglich zu machen, deren die Geschichtsschreibung bedarf, wenn sie die Mathematikhistorie des 19. Jahrhunderts im Zusammenhang darstellen wird.

Einige Worte über die Entwicklung der Wahlvorschläge, soweit sie Mathematiker betreffen.

Zuerst gab es keinerlei fachliche Begründung. Man unterstellte, daß j e d e s Akademiemitglied über die hervorragendsten Gelehrten der Zeit, welchem Fachgebiet sie auch immer angehören mochten, orientiert war oder aber der Urteilsfähigkeit des Vorschlagenden vertraute. Teilweise bedurfte es auch gar keiner Begründungen, wenn es nur noch hieß, sich dem Wunsch des Königs [10]), wie etwa bei Gruson und Tralles, oder dem des Kultusministers [11]), wie bei Dirksen, zu fügen und es lediglich galt, die Wahlformalitäten „nachzuholen". Sonst aber genügten solche Vorschläge wie die folgenden für Dirichlet bzw. für C. G. J. Jacobi [12]):

> Der Herr P. Dirichlet, Professor der Universität und der Allgemeinen Kriegsschule hieselbst, als Mathematiker rühmlichst bekannt, besitzt, unsrer Meinung nach, die Eigenschaften und Gelehrsamkeit, durch welche seine Aufnahme in die Akademie der Wissenschaften, dieser zu wesentlichem Nutzen gereichen dürfte.
>
> Wir schlagen ihn dazu vor und tragen an, den erwähnten Herrn Dirichlet als Mitglied der mathematischen Classe der Akademie d. W. zur Wahl stellen zu wollen.
>
> Berlin den 4. Nov. 1830 — Poselger, Crelle, V. Encke, Nvbr. 5., Erman N. 6

> Unterzeichnete beehren sich hierdurch, den Herrn Prof. Jacobi in Königsberg der Königl. Akademie zum auswärtigen Mitgliede vorzuschlagen.
>
> Berlin, den 27ten April 1835. — J. Steiner, Crelle

An solchen Vorschlägen ist höchstens interessant, wer sie eingebracht hat, d. h., wer den einzelnen Mathematikern den Weg in die Akademie geöffnet hat.

Aber schon kurze Zeit nach dem eben abgedruckten Vorschlag für JACOBI begann man, eine sachliche Motivierung anzuführen. Auch hierfür ein Beispiel [13]):

Die Unterzeichneten erlauben sich, Herrn Dr. Kummer in Liegnitz, Verfasser einer großen Anzahl vortrefflicher Abhandlungen, wovon wir hier nur die über die Reihe

$$1 + \frac{\alpha \cdot \beta}{1 \cdot \gamma} \cdot x + \frac{\alpha(\alpha+1)}{1 \cdot 2} \cdot \frac{\beta(\beta+1)}{\gamma(\gamma+1)} x^2 + \cdots$$

namhaft machen wollen [14]), zum Correspondenten der mathematisch-physikalischen Klasse vorzuschlagen.

Berlin, d. 18. März 1839

Dirichlet
Steiner
Crelle.

Drei Jahre später fängt mit dem ausführlich fachlich begründeten Vorschlag, RICHELOT zum korrespondierenden Mitglied zu wählen [15]), die Zeit der detailliert belegten, für uns interessanten Wahlvorschläge an. Es verdient, hervorgehoben zu werden, daß es DIRICHLET war, der auf mathematischem Gebiet sowohl in der Universität [16]) als auch in der Akademie mit seinen ins einzelne gehenden fachlich und sachlich fundierten Gutachten und Vorschlägen eine neue Ära eingeleitet hat!

## 2.

Wir wollen nun zunächst eine Aufstellung folgen lassen, aus der zu ersehen ist, welche fachlich eingehend begründeten Wahlvorschläge für Mathematiker des vorigen Jahrhunderts im Akademie-Archiv vorhanden sind, und zwar in der Zeit von 1842 (also beginnend mit dem erwähnten Vorschlag für RICHELOT) bis 1900, um dann, nach Voranstellung einiger allgemeiner Erläuterungen, eine Auswahl von Vorschlägen im vollen Wortlaut anzuschließen.

| Name<br>OM (ordentl. Mitgl.)<br>EM (Ehrenmitgl.)<br>AM (auswärt. Mitgl.) bzw.<br>KM (korrespond. Mitgl.)<br>d. Berlin. Akad. Wiss. am | Akten-Signatur<br>AAW | Datum<br>des Vorschlags | *Verfasser*<br>Mitunterzeichner | Bemerkungen |
|---|---|---|---|---|
| Boncompagni<br>EM 21. 7. 1862 | II-IIIb-7, Bl. 8 | 28. 4. 1862 | *Borchardt*<br>Kummer | * |
| Borchardt<br>OM 10. 12. 1855 | II-IIIa-7, Bl. 57<br>und 58 | 16. 6. 1855<br>und Nov. 1855 | *Dirichlet*[16a])<br>*Encke* | *<br>* |
| Broch<br>KM 3. 2. 1876 | II-IIIb-8, Bl. 103 | 6. 12. 1875 | *Borchardt*<br>Weierstraß<br>Kronecker<br>Dove<br>Kummer<br>Siemens | * |
| Casorati<br>KM 15. 7. 1886 | II-IIIb-10, Bl. 23 | 20. 5. 1886 | *Kronecker*<br>Fuchs<br>Helmholtz | * |
| Cayley<br>KM 26. 7. 1866 | II-IIIb-7, Bl. 124 | 28. 5. 1866 | *Borchardt*<br>Kronecker | * |
| Chasles<br>KM 22. 7. 1858 | II-IIIb-6, Bl. 220 | März 1858 | *Borchardt*<br>Encke<br>Hagen<br>Kummer<br>Weierstraß | |
| AM 15. 3. 1876 | II-IIIb-8, Bl. 106 | 17. 1. 1876 | *Borchardt*<br>Kirchhoff<br>Weierstraß<br>Kronecker | * |

| Name<br>OM (ordentl. Mitgl.)<br>EM (Ehrenmitgl.)<br>AM (auswärt. Mitgl.) bzw.<br>KM (korrespond. Mitgl.)<br>d. Berlin. Akad. Wiss. am | Akten-Signatur<br>AAW | Datum<br>des Vorschlags | *Verfasser*<br>Mitunterzeichner | Be-<br>mer-<br>kun-<br>gen |
|---|---|---|---|---|
| Christoffel<br>KM 2. 4. 1868 | II-IIIb-7, Bl. 165 | 17. 2. 1868 | *Borchardt*<br>Auwers<br>Kronecker<br>Kummer<br>Weierstraß | |
| Clebsch<br>KM 2. 4. 1868 | II-IIIb-7, Bl. 166 | 17. 2. 1868 | *Kronecker*<br>Borchardt<br>Auwers<br>Kummer<br>Weierstraß | * |
| Cremona<br>KM 15. 7. 1886 | II-IIIb-10, Bl. 35 | 20. 5. 1886 | *Kronecker*<br>Fuchs<br>Helmholtz | * |
| Darboux<br>KM 11. 2. 1897 | II-IIIb-14, Bl. 92 bis 93 | 17. 12. 1896 | *Schwarz*<br>Weierstraß<br>Frobenius<br>Fuchs | * |
| Eisenstein | II-IIIa-6, Bl. 10 | 9. 12. 1850 | *Dirichlet*<br>Jacobi<br>Encke | * [17]) |
| OM 24. 4. 1852 | II-IIIa-6, Bl. 120 | 19. 1. 1852 | *Dirichlet*<br>Encke<br>Hagen | * [17]) |
| Frobenius<br>OM 14. 1. 1893 | II-IIIa-13, Bl. 93 bis 95 | 10. 11. 1892 | *Fuchs*<br>Weierstraß<br>Helmholtz | * [18]) |
| Fuchs<br>KM 6. 1. 1881 | II-IIIb-8, Bl. 193 | 15. 11. 1880 | *Weierstraß*<br>Kronecker | * |
| OM 9. 4. 1884 | II-IIIa-10, Bl. 89 | 31. 1. 1884 | *Kronecker*<br>Kummer<br>Helmholtz<br>Kirchhoff | * |
| Gerhardt<br>KM 31. 1. 1861 | II-IIIb-6, Bl. 303 | 29. 10. 1860 | *Haupt*<br>Trendelenburg<br>Pertz | [19]) |
| Gordan<br>KM 22. 2. 1900 | II-III-17, Bl. 138 | 14. 12. 1899 | *Schwarz*<br>*Fuchs*<br>Frobenius | |
| Heine<br>KM 16. 7. 1863 | II-IIIb-7, Bl. 62 | 1. 6. 1863 | *Kronecker*<br>Kummer<br>Weierstraß | |

| Name<br>OM (ordentl. Mitgl.)<br>EM (Ehrenmitgl.)<br>AM (auswärt.Mitgl.) bzw.<br>KM (korrespond. Mitgl.)<br>d. Berlin. Akad. Wiss. am | Akten-Signatur<br>AAW | Datum<br>des Vorschlags | *Verfasser*<br>Mitunterzeichner | Be-<br>mer-<br>kun-<br>gen |
|---|---|---|---|---|
| Hermite<br>KM 11. 8. 1859 | II-IIIb-6, Bl. 260 | [Mai 1859] | *Borchardt*<br>Kummer<br>Weierstraß | * |
| AM 2. 1. 1884 | II-IIIb-9, Bl. 77 | 5. 7. 1883 | *Kronecker*<br>Weierstraß<br>Helmholtz<br>Kirchhoff | |
| Hesse<br>KM 21. 7. 1859 | II-IIIb-6, Bl. 263 | 2. 5. 1859 | *Borchardt*<br>Steiner | |
| Koenigsberger<br>KM 4. 5. 1893 | II-IIIb-12, Bl. 78<br>bis 79 | 9. 2. 1893 | Fuchs<br>Weierstraß<br>Frobenius<br>Schwarz<br>Helmholtz | [20]) |
| Kronecker<br>OM 23. 1. 1861 | II-IIIa-7, Bl. 165 | 20. 10. 1860 | *Kummer*<br>Borchardt<br>Weierstraß | * |
| Kummer<br>OM 10. 12. 1855 | II-IIIa-7, Bl. 64<br>bis 65 | Juni 1855 bzw.<br>16. 7. 1855 | *Dirichlet*<br>*Encke* | *<br>* |
| Liouville<br>AM 15. 3. 1876 | II-IIIb-8,Bl. 118 | 16. 1. 1876 | *Weierstraß*<br>Borchardt<br>Kronecker<br>Kirchhoff | * |
| Lipschitz<br>KM 18. 4. 1872 | II-IIIb-7, Bl. 216 | 19. 2. 1872 | *Borchardt*<br>Kronecker<br>Kummer<br>Weierstraß | |
| Malmsten<br>EM 15. 12. 1880 | II-IIIb-8, Bl. 195 | 17. 10. 1880 | *Kronecker*<br>Weierstraß<br>Kummer | * |
| Mertens<br>KM 22. 2. 1900 | II-IIIb-17, Bl. 139 | 14. 12. 1899 | *Schwarz*<br>Fuchs<br>Frobenius | |
| Neumann, C. G.<br>KM 4. 5. 1893 | II-IIIb-12, Bl. 80<br>bis 82 | 9. 2. 1893 | Fuchs<br>Weierstraß<br>Schwarz<br>Frobenius | [21]) |
| Noether<br>KM 30. 1. 1896 | II-IIIb-13, Bl. 110<br>bis 113 | 30. 1. 1896 | *Frobenius*<br>Fuchs<br>Weierstraß<br>Schwarz | |

| Name<br>OM (ordentl. Mitgl.);<br>EM (Ehrenmitgl.);<br>AM (auswärt. Mitgl.) bzw.<br>KM (korrespond. Mitgl.)<br>d. Berlin. Akad. Wiss. am | Akten-Signatur<br>AAW | Datum<br>des Vorschlags | *Verfasser*<br>Mitunterzeichner | Bemerkungen |
|---|---|---|---|---|
| Picard<br>KM 24. 2. 1898 | II-IIIb-15, Bl. 83<br>bis 85 | [Dez. 1897] | *Fuchs*<br>Schwarz<br>Frobenius | |
| Poincaré<br>KM 30. 1. 1896 | II-IIIb-13, Bl. 114<br>bis118 | 21. 11. 1895 | *Fuchs*<br>Schwarz<br>Frobenius | * |
| Poinsot<br>KM 22. 7. 1858 | II-IIIb-6, Bl. 233 | 12. 4. 1858 | *Kummer*<br>Encke<br>Borchardt<br>Hagen<br>Weierstraß | * |
| Richelot<br>KM 8. 12. 1842 | II-IIIb-4, Bl. 41<br>und 42 | 13. 2. 1842<br>und<br>18. 7. 1842 | *Dirichlet*<br>Crelle<br>Steiner | *<br><br>* |
| Riemann<br>KM 11. 8. 1859 | II-IIIb-6, Bl. 275 | 4. 7. 1859 | *Weierstraß*<br>Kummer<br>Borchardt | * |
| AM 24. 3. 1866 | II-IIIb-7, Bl. 136 | 22. 1. 1866 | *Kronecker*<br>Borchardt<br>Weierstraß | * |
| Rosenhain<br>KM 11. 8. 1859 | II-IIIb-6, Bl. 276 | 4. 7. 1859 | *Weierstraß*<br>Kummer<br>Borchardt | |
| Salmon<br>KM 12. 6. 1873 | II-IIIb-7, Bl. 240 | 20. 4. 1873 | *Kummer*<br>Borchardt<br>Kronecker<br>Weierstraß | * |
| Schläfli<br>KM 12. 6. 1873 | II-IIIb-7, Bl. 243 | 21. 4. 1873 | *Borchardt*<br>Weierstraß<br>Kummer<br>Kronecker | * |
| Schottky<br>KM 22. 2. 1900 | II-IIIb-17, Bl. 142 | [Dez. 1899] | *Frobenius*<br>Fuchs<br>Schwarz | * |
| Schwarz<br>OM 19. 12. 1892 | II-IIIa-13, Bl. 86<br>bis 88 | 14. 7. 1892 | *Fuchs*<br>Weierstraß | * |
| Seidel<br>KM 16. 7. 1863 | II-IIIb-7, Bl. 71 | 1. 6. 1863 | *Kummer*<br>Kronecker<br>Weierstraß | |
| Sylvester<br>KM 26. 7. 1866 | II-IIIb-7, Bl. 142 | 28. 5. 1866 | *Kronecker*<br>Borchardt | * |

| Name<br>OM (ordentl. Mitgl.)<br>EM (Ehrenmitgl.)<br>AM (auswärt. Mitgl.) bzw.<br>KM (korrespond. Mitgl.)<br>d. Berlin. Akad. Wiss. am | Akten-Signatur<br>AAW | Datum<br>des Vorschlags | *Verfasser*<br>Mitunterzeichner | Bemerkungen |
|---|---|---|---|---|
| Tschebyschew<br>KM 13. 7. 1871 | II-IIIb-7, Bl. 202 | 19. 6. 1871 | *Borchardt*<br>Weierstraß<br>Kronecker<br>Kummer<br>Helmholtz | * |
| Weber, H.<br>KM 30. 1. 1896 | II-IIIb-13, Bl. 105 bis 109 | 20. 11. 1895 | *Weierstraß* | [22]) |
| Weierstraß<br>OM 19. 11. 1856 | II-IIIa-7, Bl. 90 | 13. 6. 1856 | *Encke* | * |

* Wahlvorschlag wird im Abschn. 4 im vollen Wortlaut wiedergegeben.

Zu dieser Übersicht einige erläuternde Worte:

Ein Vergleich mit der Mitgliederliste der Akademie zeigt, daß nicht alle zwischen 1842 und 1900 gewählten Mathematiker aufgeführt sind. Es fehlen z. B. BELTRAMI, BETTI, BRIOSCHI, DEDEKIND, DUHAMEL, SCHERING, H. SCHROETER, H. J. ST. SMITH. In diesen Fällen sind keine Wahlvorschläge bei den Akten vorhanden. Die Gründe sind heute nicht mehr feststellbar. Weiter ist zu bemerken, daß einige der aufgeführten Mathematiker ihre Mitgliedschaft bereits vor 1842 aufgenommen bzw. nach 1900 verändert haben (KUMMER und LIOUVILLE bereits 1839 KM, bzw. SCHOTTKY 1903 OM). Die entsprechenden Vorschläge sind nicht aufgenommen [23]), weil sie, sofern vor 1842 erfolgt, keine ausführliche Begründung enthalten, bzw. weil sie, wenn nach 1900 erfolgt, nicht dem betrachteten Zeitraum zugehören.

Weiter sei der Vollständigkeit halber erwähnt, daß Mathematiker auch Wahlvorschläge für Astronomen und Physiker verfaßt haben. So hat WEIERSTRASS den mathematischen Physiker FR. E. NEUMANN [24]) und den Astronomen P. A. HANSEN [25]) zu auswärtigen Mitgliedern, den Astronomen C. A. F. PETERS [26]) zum korrespondierenden Mitglied vorgeschlagen, während der Vorschlag, KIRCHHOFF zum AM zu wählen, aus BORCHARDTs Feder stammt [27]). Solche Vorschläge blieben hier, weil nicht zum Thema gehörig, unberücksichtigt.

Endlich ist zu bemerken, daß aus den in der Aufstellung genannten Blatt-Angaben keine Rückschlüsse auf den Umfang der Wahlvorschläge gezogen werden können, da die Numerierung uneinheitlich ist. In der Regel ist nur die erste Seite numeriert (die Nr. bezieht sich also auf den „Vorgang"), in einzelnen Fällen trägt jede zweite Seite eine neue Nummer, d. h., jedes Blatt zählt. Die Angabe hat in der obigen Aufstellung nur die Aufgabe, weiterführenden Forschungen den Weg zu den Quellen zu erleichtern.

*Anmerkungen zu 1 und 2*

[1]) Abh. Kgl. Akad. Wiss. zu Bln., 1852, S. 1–27.
[2]) Ebda., 1860, S. 1–36.
[3]) Ebda., 1893, S. 1–22.
[4]) WILHELM LOREY, Abels Berufung nach Berlin; in: Norsk Matematisk Tidskrift **11**, 1929, S. 2–13.
[5]) LEO KOENIGSBERGER, Carl Gustav Jacob Jacobi, Festschrift zur Feier der hundertsten Wiederkehr seines Geburtstages, Leipzig 1904, S. 100–101.
[6]) KURT-R. BIERMANN, A. L. Crelles Verhältnis zu Gotthold Eisenstein; in: Mon. Ber. Dt. Akad. Wiss. zu Berlin **1**, 1959, S. 67–72.
[7]) Ders., Joh. Peter Gustav Lejeune Dirichlet. Dokumente für sein Leben und Wirken, Berlin 1959, 87 S. (Abh. Dt. Akad. Wiss. zu Bln., Klasse für Math., Physik u. Technik, 1959, Nr. 2).
[8]) Für eine zum Druck vorbereitete Abh. aus der Feder von KURT-R. BIERMANN, H. GRELL, H. REICHARDT und K. SCHRÖDER mit dem Arbeitstitel „Beiträge zur Geschichte mathematischer Lehre und Forschung an der Berliner Universität". – Auch in einer anderen, mit dem Fragenkomplex „Urteile von Mathematikern über Mathematiker" in Zusammenhang stehenden Hinsicht sind die Hochschulakten bemerkenswert: Die Referate über Dissertationen, Habilitationsschriften und Preisschriften enthalten z. T. wertvolle Ausführungen, die sowohl in biographischer als auch in fachlicher Beziehung sehr interessant sind. Für die Preisschriften gilt das auch bezüglich der Akademieakten.
[9]) Eine Probe ist vom Verf. in der in Anm. 7 zitierten Abh. auf S. 58–60 gegeben worden.
[10]) Friedrich Wilhelm III.
[11]) Karl Frh. v. Stein zum Altenstein.
[12]) Archiv der Deutschen Akademie der Wissenschaften zu Berlin (hier künftig mit AAW bezeichnet).
DIRICHLET: II-IIIa-3, Bl. 30; POSELGER eigenhändig (vgl. die in Anm. 7 zit. Abh., S. 51).
JACOBI: II-IIIb-3, Bl. 12; STEINER eigenhändig.
[13]) AAW, II-IIIb-3, Bl. 112; DIRICHLET eigenhändig.
[14]) Crelles Journal **15**, 1836, S. 39–83 u. 127–172.
[15]) AAW, II-IIIb-4, Bl. 41 u. 42; DIRICHLET eigenhändig.
[16]) s. Anm. 9.
[16a]) Veröffentlicht in der in Anm. 7 genannten Abh. des Verf., S. 51–52.
[17]) Veröffentlicht: KURT-R. BIERMANN, Alexander von Humboldt als Protektor Gotthold Eisensteins und dessen Wahl in die Berliner Akademie der Wissenschaften; in: Forschungen und Fortschritte **32**, 1958, S. 78–81; insbes. 79–80.
[18]) Von Schreibers Hand, mit eigenhändigen Zusätzen von FUCHS.
[19]) G. war also Korrespondent der phil.-hist. Klasse.
[20]) Von Schreibers Hand; Verfasser nicht eindeutig feststellbar. Sicher FUCHS oder WEIERSTRASS.
[21]) Es gilt dasselbe, was in der Anm. 20 gesagt wurde.
[22]) Von Schreibers Hand.
[23]) KUMMERS Wahlvorschlag wurde oben als Beispiel für das frühere Verfahren wiedergegeben.
[24]) AAW, II-IIIb-6, Bl. 226. – Vgl. KURT-R. BIERMANN, Aus den Anfängen der wissenschaftlichen Laufbahn Franz Neumanns, des Begründers der mathematischen Physik in Deutschland; in: Forschungen und Fortschritte **34**, 1960, S. 97–101.
[25]) Ebda., II-IIIb-7, Bl. 126.
[26]) Ebda., Bl. 133.
[27]) Ebda., Bl. 193. – Vgl. KURT-R. BIERMANN, Die Begründung der spektralanalytischen Methode im Urteil der Berliner Akademie; erscheint in: Mon. Ber. Dt. Akad. Wiss. zu Bln. **2**, 1960.

## 3.

Der Wiedergabe der ausgewählten Wahlvorschläge seien einige Erläuterungen vorangeschickt.

Für die Auswahl der hier abgedruckten Vorschläge wurden folgende Gesichtspunkte angewendet:

Die ordentlichen und auswärtigen Mitglieder (sowie die Ehrenmitglieder) im angegebenen Zeitraum wurden vollständig erfaßt. Die vorangegangenen Vorschläge zum KM wurden jedoch nur dann wiedergegeben, wenn sie besonders inhaltsreich sind. Stellt indessen der Vorschlag zum OM bzw. AM im wesentlichen nur eine Wiederholung des Vorschlages zum KM dar, verblieb es beim zeitlich ersten Vorschlag. So wurde der Vorschlag zur Wahl HERMITEs zum AM nicht mit aufgenommen, da er in der Hauptsache nur eine Aufzählung seiner Arbeiten seit seiner Wahl zum KM enthält. Andererseits konnte auf den Vorschlag, CHASLES zum KM zu wählen, verzichtet werden, weil der wiedergegebene Vorschlag zum AM fast die gleiche Motivierung enthält, aber überzeugender argumentiert.

Für die Korrespondenten war die Bedeutung des Vorschlagenden und die des Vorgeschlagenen, das Interesse, das die Laudatio darbietet und der Versuch maßgebend zu zeigen, nach welchen Gesichtspunkten ausländische Mathematiker zur Wahl gestellt wurden.

Die Vorschläge sind chronologisch geordnet, jedoch folgt der Übersichtlichkeit halber der zweite Wahlvorschlag, falls ein solcher vorhanden ist bzw. hier abgedruckt wird, unmittelbar auf den ersten.

Zum Verständnis für notwendig gehaltene Ergänzungen werden in Anmerkungen gegeben. Dabei sind bibliographische Hinweise dann aufgeführt, wenn *bestimmte* Arbeiten des Vorgeschlagenen im Vorschlag genannt werden. Wird im Wahlvorschlag aber nur allgemein von Arbeiten bzw. von Gruppen von Abhandlungen oder dgl. gesprochen, so sind solche Hinweise auf die gemeinten Publikationen unterblieben, da es andernfalls darauf hinausgelaufen wäre, in den Anmerkungen vollständige Bibliographien der betr. Mathematiker zum jeweiligen Zeitpunkt zu geben. Das war aber nicht der Zweck dieser Veröffentlichung, zumal z. B. dem „Poggendorff" oder anderen Nachschlagewerken etwa in dieser Hinsicht gewünschte Präzisierungen entnommen werden können. Auf Gesammelte oder Gesamte Werke wurde in der Regel nur dann hingewiesen, wenn die Originalabhandlungen vom Verf. nicht eingesehen worden sind.

In die Rechtschreibung ist dann eingegriffen worden, wenn offensichtliche grammatikalische Versehen zu beseitigen waren, sonst wurde die Schreibweise der Originale beibehalten. Die Zeichensetzung wurde verändert, sobald dies dem leichteren Verständnis dienlich schien.

# 4.

## Wahlvorschläge (WV)

*WV 1a*

für Richelot zum KM
Dirichlet eigenhändig
13. 2. 1842 (AAW, II-IIIb-4, Bl. 41)

Die Unterzeichneten erlauben sich, den Herrn Dr. Richelot, Professor an der Universität zu Königsberg, zum Correspondenten für die physikalisch-mathematische Classe der Königl. Akademie vorzuschlagen.

Herr Richelot hat durch seine Untersuchungen über die Theorie der Abelschen Integrale das lebhafteste Interesse aller Mathematiker erregt u. seinem Namen in der künftigen Geschichte dieses wichtigen Zweiges der Analysis einen bleibenden Platz gesichert.

Durch das große nach ihm benannte Theorem hat Abel die von Euler entdeckten Additionsformeln für die elliptischen Transcendenten auf alle Integrale erweitert, deren Element eine algebraische Funktion der Veränderlichen ist, u. so die von Euler u. Lagrange versuchte Verallgemeinerung dieser Formeln in einer ungeheuren Ausdehnung realisiert. Nach diesem glänzenden Erfolge wurde es für die weitere Ausbildung der Theorie dieser neuen Transcendenten von der höchsten Wichtigkeit, auch für die übrigen Fundamentaleigenschaften der elliptischen Funktionen das Analogon an den Abelschen Transcendenten aufzuweisen u. namentlich das fruchtbare Princip der Transformation, welches Landen seinen Ursprung verdankt u. später von Jacobi in seiner ganzen Ausdehnung auf die elliptischen Funktionen angewandt worden ist, in die neue Theorie einzuführen. Diesen Zweck hat Herr Richelot mit musterhafter Beharrlichkeit verfolgt u. wir verdanken seinen fortgesetzten Bemühungen die Kenntnis einer Transformation, welche für die erste Klasse der Abelschen Transcendenten der Landenschen für die elliptischen entspricht. Nach dem übereinstimmenden Urtheil aller Mathematiker, welche sich mit diesem Gegenstande beschäftigen, gehört diese Entdeckung zu den bedeutendsten unserer Zeit u. sie scheint den Grund zu einer künftigen allgemeinen Transformationstheorie der Abelschen Integrale zu legen. Aber ganz abzusehen von dieser künftigen Entwicklung gewährt sie schon jetzt den wesentlichsten Nutzen, da sie zur numerischen Berechnung der Integrale, worauf sie sich bezieht, ein eben so wirksames Mittel an die Hand giebt, als es die von Lagrange auf die Landensche Transformation gegründete Integrationsmethode für die elliptischen Integrale ist.

Berlin d. 13. Feb. 1842

Crelle
Steiner
Dirichlet

*WV 1b*

für Richelot zum KM (Wiederholung)
Dirichlet eigenhändig
18. 7. 1842 (AAW, II-IIIb-4, Bl. 42)

Die Unterzeichneten erlauben sich, Herrn Prof. Dr. Richelot in Koenigsberg zum Correspondenten für die physikalisch-mathematische Classe der Königl. Akademie von neuem vorzuschlagen. Obgleich der eben wiederholte Vorschlag schon früher die Genehmigung der Classe erhalten hat, so konnte doch der Wahl keine Folge gegeben werden, da die Zahl der gleichzeitig Gewählten die der offnen Correspondentenstellen überschritt. Bei den jetzt eingetretenen Vakanzen glauben die Unterzeichneten ihren früher gemachten u. damals ausführlich motivirten Antrag um so mehr erneuern zu müssen, als Herr Richelot durch spätere Arbeiten neue Ansprüche auf die ihm zugedachte Auszeichnung belegt hat. In einer im letzten Hefte des Crelleschen Journals gedruckten Abhandlung [1]) hat dieser Gelehrte auf eine eben so einfache als scharfsinnige Weise das Abelsche Theorem durch direkte Integration aus dem entsprechenden System simultaner Differentialgleichungen abgeleitet u. so für diese Theorie das Analogon von dem gegeben, was Lagrange durch seine bekannte Integrationsmethode für die elliptischen Integrale geleistet hat. Obgleich die Lagrangesche Methode zu keinem neuen Resultat, sondern nur zu den schon früher von Euler gefundenen Additionsformeln der elliptischen Integrale geführt hat, so hat sie doch Euler's Bewunderung um so mehr erregt, als dieser große Mathematiker eine direkte Ableitung der erwähnten Formeln vergebens versucht hatte. Der ähnlichen Leistung des Herrn Richelot für die Theorie der höheren Transcendenten wird daher der Beifall der Mathematiker nicht fehlen, die darin ohne Zweifel einen neuen Beweis von dem seltenen Talente u. der unermüdlichen Ausdauer dieses Gelehrten erkennen werden.

Berlin d. 18. Juli 1842

Steiner
Crelle
Dirichlet

[1]) Ueber die Integration eines merkwürdigen Systems Differentialgleichungen; in: Journal für die reine und angewandte Mathematik (gewöhnlich als „Crelles Journal" bezeichnet) **23**, 1842, S. 354 bis 369.

*WV 2a*

für Eisenstein zum OM
Dirichlet eigenhändig
9. 12. 1850 (AAW, II-IIIa-6, Bl. 10)

Die Unterzeichneten erlauben sich, Herrn Dr. Eisenstein als Mitglied der physikalisch-mathematischen Klasse in Vorschlag zu bringen.

H. Dr. Eisenstein hat sich seit einer Reihe von Jahren die Anerkennung der Mathematiker durch bedeutende und zahlreiche Arbeiten erworben, in denen den schwierigsten Fragen der Wissenschaft neue Gesichtspunkte abgewonnen sind. Es gehören namentlich mehrere der von ihm gegebenen neuen Beweise der kubischen und biquadratischen Reziprozitätsgesetze, deren Begründung Gauß als ein mysterium maxime reconditum bezeichnet, durch ihren Scharfsinn und die Eigenthümlichkeit ihrer Prinzipien zu den schönsten Bereicherungen dieses subtilen Theiles der Mathematik. Eine andere Untersuchung des H. Eisenstein betrifft einen von Gauß zuerst angeregten Gegenstand. Seit Fermat ist es bekannt und Euler, zu dessen Fundamentalentdeckungen dieser Beweis gehört, hat zuerst dargetan, daß eine Primzahl, welche bei der Division durch 4 die Einheit zum Rest läßt, immer in zwei Quadrate, und zwar nur auf eine Weise, zerlegbar ist. Verborgen blieb jedoch der Zusammenhang der Wurzeln dieser Quadrate mit der zu zerlegenden Primzahl, bis Gauß die merkwürdige Entdeckung machte, daß diese Wurzeln die Reste sind, welche sich bei der Division gewisser Binomialkoeffizienten durch die Primzahl ergeben. Dieser schöne Satz wurde bald nachher gleichzeitig durch Cauchy und einen der Mitunterzeichneten auf unendlich viele andere quadratische Ausdrücke ausgedehnt, aber diese neuen Resultate bezogen sich ausschließlich auf die Darstellung von Primzahlen, die in arithmetischen Reihen enthalten sind, welche mit der Einheit beginnen. – Eine interessante, von Stern auf dem Wege der Induktion gemachte Bemerkung hat H. Eisenstein Veranlassung gegeben, die ersten analogen Sätze für Primzahlen zu beweisen, welche in anderen arithmetischen Reihen enthalten sind, und so diesen Untersuchungen ein neues Feld zu eröffnen. Herrn Eisenstein, der einen seiner Beweise für die biquadratische Reziprozität auf die algebraische Teilung der Lemniskate gegründet hatte, ist es später gelungen, aus derselben Quelle auch die bisher noch unbekannten Reziprozitätssätze für die 8ten Potenzen abzuleiten.

Alle diese Arbeiten und andere, welche die Klasse in die Monatsberichte aufgenommen hat, weisen H. Eisenstein einen ehrenvollen Platz unter den ausgezeichneten Mathematikern an, und die Unterzeichneten hegen demnach die Überzeugung, daß die Klasse durch Aufnahme eines so seltenen und gereiften Talentes wesentlich dazu beitragen würde, die Zwecke der Akademie zu fördern.

Jacobi Dirichlet Encke

Berlin d. 9. Dez. 1850

*WV 2b*

für Eisenstein zum OM (Wiederholung)
Dirichlet eigenhändig
19. 1. 1852 (AAW, II-IIIa-6, Bl. 120)

Die Unterzeichneten beehren sich, einen schon früher von ihnen in Gemeinschaft mit dem verstorbenen Kollegen Jacobi bei der Klasse gestellten Antrag zu erneuern und H. Dr. Eisenstein zum Mitgliede der Klasse in Vorschlag zu bringen. H. Eisenstein hat schon damals die Majorität der Stimmen in der Klasse erhalten, aber es konnte dieser Wahl keine weitere Folge gegeben werden, da die Zahl der gleichzeitig Gewählten die der zu besetzenden Stellen überschritt.

Die Unterzeichneten finden sich jetzt um so dringender zur Wiederholung ihres früheren Vorschlags bewogen, als seit jener Zeit durch Jacobi's Tod in den für die mathematische Abteilung reservirten Stellen eine Vakanz eingetreten ist und ihnen nach dem Tode des hervorragenden Vertreters der Analysis in der Akademie die Erwerbung eines neuen, nach dem übereinstimmenden Urteil aller kompetenten Richter so seltenen Talents im Interesse unserer Körperschaft doppelt wünschenswert erscheinen muß.

Zur näheren Motivirung ihres Antrages glauben die Unterzeichneten, sich auf die früher gemeinschaftlich mit Jacobi von ihnen der Klasse vorgelegte Darstellung beziehen zu dürfen, welche eine ausführliche Charakterisirung der bedeutenden von H. Dr. Eisenstein ausgeführten Arbeiten enthält.

Encke Dirichlet Hagen

Berlin d. 19. Jan. 52

*WV 3a*

für Borchardt zum OM
Dirichlet eigenhändig
16. 6. 1855 (AAW, II-IIIa-7, Bl. 57)

Die Unterzeichneten erlauben sich, H. Dr. Borchardt zum ordentlichen Mitgliede der physikalisch-mathematischen Classe in Vorschlag zu bringen.

H. Borchardt hat sich den Mathematikern zuerst durch eine vortreffliche Abhandlung über das System von Gleichungen bekannt gemacht, welches in der Theorie der Sekularstörungen u. anderen Anwendungen eine so wesentliche Rolle spielt [1]). Obgleich man seit längerer Zeit mehrere Beweise für die wichtige Eigenschaft kannte, nach welcher sämmtliche Wurzeln der durch Elimination aus einem solchen System gebildeten Endgleichung immer reell sind, so genügten diese Beweise doch nicht zur Aufklärung gewisser paradoxer Erscheinungen, welche der Gegenstand darbot u. auf welche Jacobi zuerst aufmerksam gemacht hatte. Zwar hatte Kummer [2]) für den besonderen Fall von 3 Gleichungen, für welchen das Problem mit dem der Bestimmung der Hauptaxen der Flächen 2ten Grades zusammenfällt, die von Jacobi bemerkte Schwierigkeit gehoben, indem er den Ausdruck, durch dessen positives Zeichen die Realität der Wurzeln bedingt wird, als eine Summe von Quadraten darstellte, aber diese durch äußerst mühsame Versuche bewerkstelligte Zerlegung in Quadrate war, wenn man sich so ausdrücken darf, eine rein faktische u. konnte keinen Aufschluß darüber geben, ob die complicirteren den höheren Graden entsprechenden Ausdrücke eine ähnliche Zerlegung zulassen. H. Borchardt gelang es, die Zerlegbarkeit für alle Grade auf eine höchst sinnreiche Weise aus gewissen Eigenschaften der Determinanten abzuleiten, welche man vor ihm zu ähnlichen Zwecken noch nicht benutzt hatte. In einer späteren Abhandlung [3]), in welcher er den Gegenstand wieder aufnahm, hat er überdies den Ausdrücken, welche nach Sturm's schönem Satze für eine beliebige algebraische Gleichung durch ihre Zeichen die Zahl der positiven u. negativen Wurzeln bestimmen, eine ganz neue Form gegeben, auf welche, wie es einem der Unterzeichneten bekannt ist, Sturm selbst großen Werth legt. Eine spätere Arbeit Borchardt's betrifft die Verwandlung einer Quadratwurzel aus einer ganzen Funktion in einen Kettenbruch; er hat nicht nur den von Jacobi ohne Beweis angegebenen Zusammenhang zwischen diesem Problem u. der Theorie der elliptischen Integrale einfach nachgewiesen, sondern auch die Untersuchung auf Abelsche Integrale ausgedehnt [4]).

Borchardt hat ferner interessante Untersuchungen über die Quadratur der krummen Fläche u. die Beziehungen, welche zwischen diesem Gegenstande u. der Lehre von der Krümmung Statt finden, bekannt gemacht u. hat endlich in der letzten Zeit eine wesentlich neue Darstellung der Theorie der symmetrischen Funktionen gegeben, welche er allgemein als die Entwicklungscoefficienten einer erzeugenden Funktion erhält [5]).

Die Unterzeichneten glauben um so mehr, daß der Verfasser der oben aufgezählten ausgezeichneten Leistungen die Zwecke der Klasse zu fördern beitragen würde, als derselbe sich in einer völlig unabhängigen äußeren Lage befindet, die ihm erlauben würde, sich, wie er bisher gethan, ganz der Wissenschaft zu widmen.

Berlin 16/6 55

Encke Dirichlet

[Anm. hinter WV 3b]

*WV 3b*

für Borchardt zum OM (Wiederholung wegen des inzwischen erfolgten Wegganges von Dirichlet)
Encke eigenhändig
Nov. 1855 (II-IIIa-7, Bl. 58)

Herr Borchardt gehört einer jüngeren Zeit an und hat, so viel ich weiß, sich durch drey Arbeiten hauptsächlich bekanntgemacht.

1.) Eine Abhandlung über eine gewiße Form von Gleichungen, deren Coeffizienten symmetrisch geordnet sind, welche außer in der reinen Mathematik auch speziell in der Astronomie bei der Methode der kleinsten Quadrate und bei der Bestimmung der Secular-Gleichungen bei den Planeten vorkommen. Man wußte, daß in diesen Fällen die Wurzeln derselben sämmtlich reell waren. H. Borchardt ist es gelungen, direkt den Beweis allgemein dadurch zu führen, daß er die Ausdrücke, von deren Zeichen diese Bedingung abhängt, auf die Form einer Summe von Quadraten zu bringen lehrt, Crelle Bd. XXX, pg. 38 [6]), und später erweitert in Liouville's Journal des Mathématiques pures et appliquées, T. XII [7]). Es ist die Veralgemeinerung einer interessanten Untersuchung von Kummer über den direkten Beweis, daß die cubische Gleichung, durch welche die Hauptaxen der Flächen zweiten Grades bestimmt werden, drey mögliche Wurzeln habe, Crelle XXVI, 268 [8]). Die Borchardtsche Lösung war mir besonders interessant, weil sie eine analytische Anwendung des Sturmschen Satzes enthielt, bei dem man seiner Form nach bisher nur numerische Anwendungen machte.

2.) Eine umfangreiche Abhandlung über die Anwendung der Abelschen Integrale auf die Theorie der Kettenbrüche. Der Verfasser bringt hier die Untersuchungen von Abel und Jacobi, welche in gewissem Sinne entgegengesetzte Wege einschlagen, in Zusammenhang und veralgemeinert die von Jacobi gegebenen Resultate, Crelle XLVIII, 69 [9]).

3.) Die Abhandlung: Bestimmung der symmetrischen Verbindungen vermittelst ihrer erzeugenden Funktion, welche als Auszug von Untersuchungen über die Theorie der symmetrischen Funktionen von H. Dirichlet im Märzhefte unseres diesjährigen Monatsberichtes [10]) mitgetheilt ist.

In diesen drey Abhandlungen zeigt sich durchweg eine feine mathematische Speculation, welche sich mit solchen Aufgaben beschäftigt, die durch die großen Vorgänger bis zu einem gewissen Punkte fortgeführt sind und bei welchen dem Verfasser es gelungen ist, noch wesentlich neue Gesichtspunkte und Erweiterungen hinzuzufügen. Gerade diese Richtung, nicht bloß mit Umformung älterer Untersuchungen sich zu beschäftigen, sondern die angebahnten Wege der großen Mathematiker weiter zu verfolgen und neue Resultate aus ihnen abzuleiten, ist es, welche meinen Vorschlag, den Herrn Borchardt zum ordentlichen Mitgliede zu wählen, hauptsächlich bestimmte, und von der ich für die Akademie, in so fern sie dem H. Borchardt einen amtlichen Antrieb gewährt, auf diesem Pfade mit Beharrlichkeit fortzugehen, die besten Früchte hoffe.

Novbr. 1855. Encke

[1]) Neue Eigenschaft der Gleichung, mit deren Hülfe man die seculären Störungen der Planeten bestimmt; in: Crelles Journal **30**, 1846, S. 38–45.

[2]) E. E. KUMMER, Bemerkung über die kubische Gleichung, durch welche die Haupt-Axen der Flächen zweiten Grades bestimmt werden; in: Crelles Journal **26**, 1843, S. 268–272.

[3]) Développements sur l'équation à l'aide de laquelle on détermine les inégalités séculaires du mouvement des planètes; in: Liouvilles Journal **12**, 1847, S. 50–67.

[4]) Application des transcendantes abéliennes à la théorie des fractions continues; in: Crelles Journal **48**, 1854, S. 69–104.

[5]) Monatsber. d. Kgl. Pr. Akad. Wiss. zu Bln., 1855, S. 165–171.

[6]) S. Anm. 1.

[7]) S. Anm. 2.

[8]) S. Anm. 3.

[9]) S. Anm. 4.

[10]) S. Anm. 5.

*WV 4*

für Kummer zum OM
1. Teil: v. d. Hand Enckes (Verf.: Dirichlet)
2. Teil: Encke eigenhändig
Juni 1855 bzw. 16. 7. 1855 (AAW, II-IIIa-7, Bl. 64 u. 65)

Gutachten des Herrn Dirichlet

über die Leistungen des Herrn Kummer bei Gelegenheit der Vorschläge der hiesigen philosophischen Fakultät in Betref der Wiederbesetzung seiner Stelle.

H. Kummer, der sich anfangs der Theologie gewidmet und erst gegen das Ende seiner Studienzeit der Mathematik zugewandt hatte, hat in dieser so rasche Fortschritte gemacht, daß er nicht nur einen von der philosophischen Fakultät in Halle ausgesetzten Preis gewann, sondern auch bald darauf ein von Jacobi in seinen fund. nov. [1]) gegebenes schwieriges Theorem auf eine so unerwartete Weise erweiterte, daß es für diesen eine doppelt erfreuliche Überraschung war, als ein junger Mann, der eben sein Jahr diente, ihm einen so schönen Fund brieflich mittheilte. Von den zahlreichen späteren Arbeiten Kummers erwähnt die Commission nur die drei wichtigsten:

1. Eine sehr umfangreiche Abhandlung über die hypergeometrische Reihe, in welcher dieser von Euler und besonders von Gauß mit so glänzendem Erfolge behandelte Gegenstand durch ebenso zahlreiche als wichtige neue Resultate zu einem wenigstens vorläufigen Abschluß gebracht scheint [2]).
2. Eine Arbeit von gleicher Ausdehnung über die Funktionen, welche durch wiederholte Integration aus rationalen Ausdrücken entstehen [3]). Über diesen Gegenstand kannte man bis dahin nur ganz isolirt stehende Sätze, welche jetzt als höchst specielle Resultate der von Kummer begründeten allgemeinen Theorie dieser Transcendenten erscheinen.
3. Eine Reihe von Abhandlungen über die aus Wurzeln der Einheit gebildeten complexen Zahlen. Kummer's Arbeiten auf diesem wichtigen Gebiete, welches der mathematischen Spekulation vor einem halben Jahrhundert von Gauß erschlossen und später von Jacobi, Cauchy und anderen Mathematikern durch Einführung neuer Principien wesentlich erweitert worden ist, werden von allen Sachverständigen zu den schönsten Erwerbungen gezählt, welche die Wissenschaft in unserer Zeit gemacht hat, und weisen ihrem Verfaßer einen ehrenvollen Platz unter den bedeutendsten jetzt lebenden Mathematikern an.

im Juni 1855.

Dem Unterzeichneten ist so gut wie offiziell bekannt geworden, daß Herr Professor Kummer den Ruf hierher angenommen hat. Er beeilt sich deshalb, denselben zum ordentlichen Mitgliede im Fache der Mathematik vorzuschlagen, da er voraussetzen darf, daß die Classe schon seit den letzten Monaten in dem Nachfolger des H. Dirichlet auch ein neuzuernennendes Mitglied zu sehen sich gewöhnt hatte.

Jul. 16. 1855 Encke

[1]) Fundamenta nova theoriae functionum ellipticarum, Königsberg 1829.
[2]) Crelles Journal **15**, 1836, S. 39–83 u. 127–172.– Vgl. den oben S. 9 wiedergegebenen Wahlvorschlag zum KM vom 18. 3. 1839.
[3]) Ueber die Transcendenten, welche aus wiederholten Integrationen rationaler Formeln entstehen, ebda. **21**, 1840, S. 74–90, 193–225, 328–371.

*WV 5*

für Weierstraß zum OM
Encke eigenhändig
13. 6. 1856 (AAW, II-IIIa-7, Bl. 90)

An die
physikalisch mathematische
Klasse der K. Akad. der
Wissenschaften.

In der mathematischen Sektion der physikalisch mathematischen Klasse der Königlichen Akademie der Wissenschaft[en] ist statutenmäßig noch eine Stelle frey, zu folge der Verabredung, wodurch wir zur Ergänzung der Statuten die für diese Sektion bestimmte Anzahl der Mitglieder auf 6 festgesetzt haben. Es zeigt sich jetzt, nachdem Herr Weierstraß durch seine hiesige Anstellung in Berlin fixirt ist, eine günstige Gelegenheit, diese Stelle auf das Würdigste zu besetzen. Seit der Zeit, in welcher derselbe im 47ten Bde. des Crelleschen Journals durch eine Uebersicht seiner Arbeit über die Abelschen Transcendenten [1]), und die überraschenden Resultate derselben die Aufmerksamkeit der Mathematiker in so vorzüglichem Grade auf sich gelenkt hat, daß nach dem, den meisten Mitgliedern bekannten Votum des Herrn Dirichlet bei der Besetzung der ordentlichen Professur der Mathematik an der hiesigen Universität [2]) er den vollen Anspruch auf einen sehr hohen Rang in der Mathematik sich erworben hat und nur noch die jetzt dargelegten Beweise seiner Sätze zu wünschen waren, mußte sich die Aufmerksamkeit der hiesigen Akademie von selbst auf ihn als ordentliches Mitglied richten. Der einzige Mangel, welcher nach unseren Statuten noch den Vorschlag dazu hinderte, ist durch seine jetzige Fixirung in Berlin erledigt worden. Im vollen Einverständnisse mit Herrn Kummer beehre ich mich deshalb, den Herrn Weierstraß zum ordentlichen Mitgliede der Klasse vorzuschlagen, und ersuche ergebenst diesen Vorschlag in der nächsten Klassensitzung am 16ten Juni, in welcher ich zu erscheinen leider verhindert bin, der Klasse vorzulegen, damit er möglich noch vor den Ferien durch die Bekanntmachung desselben an die sämmtlichen Mitglieder der Klasse, die Besprechung darüber am 14ten Juli und die hoffentlich günstig ausfallende Wahl am 11ten Aug. in der Klasse, auch noch die Wahl im Plenum am 14ten Aug. vorgenommen werden könnte.

Berlin, d. 13. Juni 1856 J. F. Encke

[1]) Zur Theorie der Abel'schen Functionen; in: Crelles Journal **47**, 1854, S. 289–306.
[2]) Vgl. Kurt-R. Biermann, J. P. G. Lejeune Dirichlet . . ., S. 58–60.

*WV 6*

für Poinsot zum AM
Kummer eigenhändig
12. 4. 1858 (AAW, II-IIIb-6, Bl. 233)

Die Unterzeichneten erlauben sich, der Königlichen Akademie die Wahl des Hrn. Poinsot in Paris zu ihrem *auswärtigen Mitgliede* in Vorschlag zu bringen.

Herr L. Poinsot, eines der ältesten [1]) und in seinem Fache ausgezeichnetsten Mitglieder der Pariser Akademie, hat bisher mit der hiesigen Akademie noch nicht in Verbindung gestanden, weil es verabsäumt worden ist, ihn in den Zeiten, wo sein wissenschaftlicher Ruhm noch jünger war, zum correspondirenden Mitgliede zu wählen. Dieser Umstand ist schon im vorigen Jahr bei den Vorschlägen eines auswärtigen Gelehrten für den Orden pour le mérite, an Stelle des verstorbenen Cauchy, zur Sprache gekommen, bei welcher Gelegenheit Poinsot mit in die engere Liste aufgenommen worden ist, und es hat sich damals allgemein die Ansicht ausgesprochen, daß es unserer Akademie gezieme, einen solchen Mann mit sich zu verbinden. Ihn nun jetzt noch zum correspondirenden Mitgliede zu wählen, würde nach unserem Dafürhalten zu spät sein, und für ihn selbst nur geringen Werth haben; darum beantragen wir für ihn die höhere Ehre eines auswärtigen Mitgliedes unserer Akademie [2]).

Die wissenschaftlichen Leistungen Poinsot's, welche diesen Antrag durchaus rechtfertigen und welche ihm in der Geschichte der mathematischen Wissenschaften für alle Zeiten einen ehrenvollen Platz sichern werden, brauchen wir nur kurz zu erwähnen. In seinem Werke Élémens de Statique [3]), welches ein Muster klarer und eleganter Darstellung ist, hat Poinsot durch die Einführung der Kräftepaare der gesamten Statik eine neue Gestalt gegeben. Unter seinen Abhandlungen ist besonders hervorzuheben die théorie de la rotation des corps [4]), welche eine Reihe neuer und werthvoller Sätze enthält und an Anschaulichkeit und Eleganz der Methoden die Arbeiten der größten Meister über diesen Gegenstand bedeutend übertrifft. Auch seine Behandlungsweise der Elemente der Zahlentheorie kann rühmend erwähnt werden, weil sie die abstrakten Begriffe dieser Disciplin in sehr eleganter Weise anschaulich macht und so ein allgemeineres Interesse für dieselbe namentlich in Frankreich angeregt hat.

Berlin, den 12[ten] April 1858

Kummer Encke. Borchardt Hagen Weierstraß

[1]) Seit 1813.

[2]) Gleichzeitig waren von den Mathematikern vorgeschlagen:
CHASLES zum KM
POINSOT zum AM
PONCELET (KM bisher) zum AM
FR. E. NEUMANN (KM bisher) zum AM.
Da diese Vielzahl mathematischer Vorschläge auf Widerstand in der Klasse stieß, einigte man sich dahingehend, nur NEUMANN zum AM, CHASLES und POINSOT zu KM zu wählen und es bei PONCELET bei der bestehenden korrespondierenden Mitgliedschaft zu belassen (der nicht wirksam gewordene Wahlvorschlag für PONCELET zum AM ist am 12. 4. 1858 von KUMMER verfaßt und von ENCKE, BORCHARDT, HAGEN und WEIERSTRASS mitunterzeichnet worden; AAW, II-IIIb-6, Bl. 234).

[3]) Die erste Auflage erschien Paris 1804; die siebente ebda. 1837; die achte ebda. 1842; die neunte ebda. 1848.
Nach der fünften Ausgabe gab J. G. HARTMANN eine deutsche Bearbeitung heraus: Poinsot's Elemente der Statik als Lehrbuch für den öffentlichen Unterricht und zum Selbststudium, Berlin 1831.

[4]) Théorie nouvelle de la rotation des corps, Paris 1834 und Liouvilles Journal **16**, 1851, S. 9–129.

*WV 7*

für Hermite zum KM
Borchardt eigenhändig
[Mai 1859] (AAW, II-IIIb-6, Bl. 260)

Unter den gegenwärtigen Analysten Frankreichs nimmt Herr Charles Hermite, das jüngste mathematische Mitglied der Akademie der Wissenschaften zu Paris den ersten Platz ein.

Kaum aus der polytechnischen Schule hervorgegangen erregte er das Erstaunen der mathematischen Welt durch eine Arbeit, in welcher er die analytische Theorie der Theilung der elliptischen Funktionen auf die Abelschen Funktionen ausdehnte [1]), obgleich die Existenz dieser letzteren damals nur das Ergebniß einer kühnen Induction war. Seitdem hat er sich sowohl mit diesen Funktionen als auch mit einer Reihe wichtiger Fragen aus der Zahlentheorie und höheren Algebra beschäftigt und in diesen Disciplinen bedeutende Erfolge erlangt.

Fast überall hat er mit Vorliebe an die Ergebnisse deutscher Mathematiker angeknüpft und deren Richtung weiter verfolgt. Eine Anzahl seiner schönsten Arbeiten sind im hiesigen mathematischen Journal veröffentlicht worden [2]).

Die angeführten Umstände lassen es ganz besonders angemessen erscheinen, daß eine die deutsche Wissenschaft vertretende Körperschaft sich mit diesem Gelehrten in Verbindung setze Sollte die Klasse beschließen, sämmtliche gegenwärtig freien Correspondentenstellen der mathematischen Wissenschaften sofort zu besetzen, so halten die Unterzeichneten es für ihre Pflicht, Herrn Hermite als einen der hervorragendsten Candidaten in Vorschlag zu bringen.

[Mai 1859]

Kummer
Borchardt
Weierstraß

[1]) Sur la division des fonctions abéliennes ou ultra-elliptiques; in: Comptes rendus de l'Académie des sciences **17**, 1845, S. 82 (292–296 Rapport u. Diskussion).

[2]) Vgl. Crelles Journal, Verz. d. Inh. d. Bände 1–50, Berlin 1855, S. 31.

*WV 8a*

für Riemann zum KM
Weierstraß eigenhändig
4. 7. 1859 (AAW, II-IIIb-6, Bl. 275)

Die Unterzeichneten erlauben sich, der Akademie Herrn *Riemann*, Professor der Mathematik an der Universität zu *Göttingen*, zum Correspondirenden Mitgliede vorzuschlagen.

Herrn Riemann's Arbeiten, die mit Ausnahme einer sogleich zu besprechenden in den Jahren 1856 und 57 veröffentlicht sind, gehören zu den bedeutendsten neueren Erscheinungen in der mathematischen Literatur, welche sich gleich sehr durch die Wichtigkeit der in ihnen enthaltenen Resultate wie durch die Originalität und Fruchtbarkeit der Methode, die den Verfasser zu denselben geführt hat, auszeichnen. Ihr Einfluß auf die künftige Gestaltung der Analysis wird, wie sich schon jetzt unbedenklich aussprechen läßt, ein wesentlicher und bleibender sein, wenn vielleicht auch noch einige Zeit vergehen kann, bis die ihnen zu Grunde liegenden neuen und tiefen Ideen sich allgemein Anerkennung und Geltung verschaffen werden.

Schon in seiner ersten Abhandlung, in der im Jahre 1851 [1]) erschienenen Inaugural-Dissertation: „Grundlage für eine allgemeine Theorie der Functionen einer complexen Größe [2])“, von der nur zu bedauern ist, daß sie bis vor Kurzem fast ganz unbekannt geblieben, giebt Herr Riemann eine Darstellung der Principien, auf welche seine spätern Untersuchungen basirt sind. Das Wesentliche derselben möchte sich kurz etwa folgendermaßen angeben lassen.

Wenn man zwei Größen betrachtet, die nur nach einer Dimension veränderlich oder, was dasselbe ist, durch positive und negative Zahlen darstellbar sind, und man von denselben nichts weiter weiß, als daß die eine von ihnen eine continuirliche Function der anderen ist; so lassen sich daraus allein hinsichtlich des Gesetzes, welches ihren Zusammenhang beherrscht, durchaus keine Folgerungen ziehen. Ganz anders aber verhält sich die Sache, wenn das Argument einer Function eine *complexe* Größe ist. Herr Riemann weist nach, daß in dem *Begriffe* einer solchen Function schon eine allgemeine Bestimmung über die Art und Weise, nach welcher sie sich mit jener Größe ändert, enthalten ist, und daß nur über ihr Verhalten in der Nähe einzelner oder eine stetige Folge von nur einer Dimension bildender Werthe ihres Arguments willkührlich verfügt werden kann. Functionen, die denselben Grenz-Bedingungen unterworfen sind, werden hiernach nothwendig identisch sein. Dadurch sind nun für die Vergleichung der Functionen, namentlich für das Auffinden algebraischer Relationen unter transcendenten Größen bisher ganz unbekannte, höchst fruchtbare und doch dabei sehr einfache Methoden begründet. Während man früher bei solchen Untersuchungen, um von einer Ausdrucksweise des Zusammenhangs zwischen den betrachteten Größen zu einer anderen überzugehen, dies durch eine wirklich ausgeführte Transformation zu bewerkstelligen, oder durch die Übereinstimmung beider für *alle* Werthe jener Größen nachzuweisen hatte, wird durch die Principien Herrn Riemann's das hierzu Erforderliche auf ein Minimum reducirt, die bloß mechanische Rechnung wird ganz beseitigt und der Nothbehelf glücklich ersonnener Kunstgriffe durch eine wahrhaft wissenschaftliche Methode ersetzt.

Herr Riemann hat es aber durch seine späteren Arbeiten auch factisch auf das Glänzendste bewährt, daß seine neuen Ideen nicht etwa das Ergebniß müßiger Speculation, sondern die gesunde Frucht einer naturgemäßen Fortentwicklung der Wissenschaft sind. An dem Beispiele der hypergeometrischen Reihe – in einer Abhandlung, die in die Schriften der Göttinger Societät aufgenommen ist [3]) – hat er gezeigt, daß seine Methoden selbst in dem Falle, wo es sich um eine Transcendente handelt, mit der man sich schon so vielfach beschäftigt hat, wie mit der genannten, noch neue Eigenschaften derselben aufzudecken geeignet sind. Von ungleich größerer Bedeutung noch sind die drei Abhandlungen [4]), welche Ende 1857 in dem Journal für Mathematik erschienen sind. In denselben wird der Nachweis geführt, daß die algebraischen und die durch Integration aus denselben entspringenden Functionen demselben durch ganz bestimmte Merkmale charakterisirten und in sich abgeschlossenen Größen-Gebiete angehören. Eine nothwendige Folge davon ist, daß auch die allgemeinsten periodischen Functionen, deren Grundeigenschaften in dem *Abel*'schen Theorem über die Integrale algebraischer Differentiale ihren Ursprung haben, alle auf die eine ebenso einfache als durch die merkwürdigsten Eigenschaften ausgezeichnete Transcendente zurückzuführen sind, auf welche unabhängig von einander *Göpel*, *Rosenhain* und einer der Unterzeichneten bei ihren Untersuchungen über die Abel'schen Functionen gekommen waren. Eine Theorie, die zu einem solchen Resultate führt, bedarf keines weiteren Zeugnisses für ihre Fruchtbarkeit.

Herr Riemann ist bis zum Erscheinen der zuletzt besprochenen Arbeiten selbst unter den Mathematikern kaum genannt worden. Dieser Umstand möge es entschuldigen, daß wir zur Motivirung unseres Vorschlages auf den Inhalt seiner Arbeiten etwas specieller eingegangen sind. Wir haben es für unsere Pflicht gehalten, die Akademie auf einen unserer Berufsgenossen aufmerksam zu machen, den wir nicht etwa als ein junges, große Hoffnungen erregendes

Talent empfehlen, sondern als einen gereiften und selbständigen Forscher auf dem Gebiete unserer Wissenschaft, die er bereits wesentlich gefördert, mit Freuden anerkennen.

Berlin, den 4ten Juli 1859

Kummer Weierstraß Borchardt

[1]) Göttingen.

[2]) . . . einer veränderlichen complexen Größe.

[3]) Beiträge zur Theorie der durch die Gauss'sche Reihe $F(\alpha, \beta, \gamma, x)$ darstellbaren Functionen; in: Abh. d. Kgl. Ges. Wiss. zu Göttingen **7**, 1857 (= Ges. Math. Werke, hrsg. v. H. Weber, Leipzig 1876, S. 62–78). Selbstanzeige in Gött. Nachr., Nr. 1, 1857 (= Ges. Math. Werke, S. 79–80).

[4]) Allgemeine Voraussetzungen und Hülfsmittel für die Untersuchung von Functionen unbeschränkt veränderlicher Größen; in: Crelles Journal **54**, 1857, S. 101–104; Lehrsätze aus der analysis situs für die Theorie der Integrale von zweigliedrigen vollständigen Differentialen, ebda., S. 105–110; Bestimmung einer Function einer veränderlichen complexen Größe durch Grenz- und Unstetigkeitsbedingungen, ebda., S. 111–114; Theorie der Abel'schen Functionen, ebda., S. 115–155.

*WV 8b*

für Riemann zum AM
Kronecker eigenhändig
22. 1. 1866 (AAW, II-IIIb-7, Bl. 136)

Die Unterzeichneten erlauben sich, der Akademie Herrn Bernhard Riemann, Professor der Mathematik an der Universität zu Goettingen, zum auswärtigen Mitgliede vorzuschlagen.

Herr Riemann ist im August 1859, kurze Zeit nachdem seine Epoche machenden Arbeiten über die Abelschen Functionen erschienen waren, zum correspondirenden Mitgliede unserer Akademie gewählt worden. In der damaligen Motivirung des bezüglichen Wahlvorschlages ist eine nähere Erörterung des Inhalts dieser Arbeiten mit folgenden Worten eingeleitet: „Die Arbeiten des Herrn Riemann gehören zu den bedeutendsten neueren Erscheinungen in der mathematischen Literatur, welche sich gleich sehr durch die Wichtigkeit der in ihnen enthaltenen Resultate wie durch die Originalität und Fruchtbarkeit der Methode, die den Verfasser zu denselben geführt hat, auszeichnen. Ihr Einfluß auf die künftige Gestaltung der Analysis wird, wie sich schon jetzt unbedenklich aussprechen läßt, ein wesentlicher und bleibender sein, wenn vielleicht auch noch einige Zeit vergehen kann, bis die ihnen zu Grunde liegenden neuen und tiefen Ideen sich allgemein Anerkennung und Geltung verschaffen werden." – Jetzt nach Verlauf von beinahe sieben Jahren können wir diesen Ausspruch in jeder Hinsicht bekräftigen.

Riemann's Ideen und Methoden haben seitdem allenthalben Eingang gefunden, seine Lehre in Wort und Schrift ist – neue Forschungen anregend und fördernd – in größere Kreise der wissenschaftlichen Welt gedrungen, und das Bedürfniß, die Kenntniß seiner Arbeiten noch weiter zu verbreiten, hat sogar eine Anzahl dieselben commentirender Werke und Abhandlungen hervorgerufen, um die Schwierigkeiten zu überwinden, welche die in Bezug auf Präcision durchweg musterhafte und nur in ihrer äußerst knappen Form dem allgemeineren Verständniß wenig entgegenkommende Darstellungsweise Riemanns bereitet. Die große Bedeutung der Leistungen des Herrn Riemann für den Fortschritt der Wissenschaft ist hiernach schon jetzt allgemein erkennbar, und sein gewaltiges Eingreifen in den Entwicklungsgang der neueren Analysis sichert ihm einen Platz unter den ersten Mathematikern aller Zeiten. Es ist diese unsere Ueberzeugung von dem hohen und dauernden Werthe der Verdienste des Herrn Riemann, aus welcher unser Antrag hervorgegangen ist.

Wiewohl der mächtige Einfluß, welchen Herr Riemann auf die neueren Fortschritte der Analysis ausgeübt hat, hauptsächlich seinen schon eben erwähnten Untersuchungen über die Abelschen Functionen zuzuschreiben ist, so dürfen wir doch drei Arbeiten nicht übergehen, welche Herr Riemann seit dem August 1859 veröffentlicht hat. Auch sie enthalten gleich seinen früheren Arbeiten nur die reifen Ergebnisse tiefster Forschung, auch in ihnen bewährt sich die außerordentliche Genialität des Verfassers an der Behandlung und Erledigung von Fragen der allerschwierigsten Art.

Der erste von den drei zu erwähnenden Aufsätzen ist derjenige, welchen Herr Riemann unserer Akademie bald nach seiner Erwählung zum correspondirenden Mitgliede eingesandt hat, um – wie er sich ausdrückt – seinen Dank für diese Auszeichnung zu erkennen zu geben. In diesem Aufsatze, welcher in den Monatsberichten vom Jahre 1859 abgedruckt ist [1]) und denselben zur größten Zierde gereicht, gibt Herr Riemann eine vollständige Bestimmung der Anzahl der Primzahlen, welche unter einer gegebenen Größe liegen, in analytischer Form. Schon Legendre, Gauß und Dirichlet hatten diesem Gegenstande ihr Interesse zugewendet, und der letztere hatte noch einige Monate vor seinem Tode sich aufs Neue damit beschäftigt. Aber nach Allem, was über die bezüglichen Bemühungen und Erfolge dieser drei großen Mathematiker bekannt ist, hatten dieselben überhaupt nur eine möglichst angenäherte Bestimmung der Primzahlen-Anzahl als Zielpunkt ihrer Untersuchungen vor Augen, während Hr. Riemann einen genauen analytischen Ausdruck dafür gesucht und auch wirklich gefunden hat. – Die andern beiden Abhandlungen des Hrn. Riemann sind in den Schriften der Goettinger Societät in den Jahren 1860 und 1861 veröffentlicht. In der erstern, welche den Titel führt „Ueber die Fortpflanzung ebener Luftwellen von endlicher Schwingungsweite“ [2]), bestimmt Hr. Riemann den Gas-Bewegungszustand für den Fall, „daß die anfängliche Bewegung allenthalben in gleicher Richtung stattfindet und in jeder auf dieser Richtung senkrechten Ebene Geschwindigkeit und Druck constant sind“. Herr Riemann behandelt das in Rede stehende Problem, indem er die fast stets dabei gemachte Voraussetzung fallen läßt, daß die Druckverschiedenheiten als unendlich kleine Bruchtheile des ganzen Drucks betrachtet werden können, und er gelangt zu einer vollständigen Integration der exacten Differentialgleichungen, welche Dichtigkeit und Geschwindigkeit der Gastheilchen für irgend welchen Ort und irgend welche Zeit bestimmen, selbst ohne eine specielle Annahme über die Abhängigkeit des Druckes von der Dichtigkeit zu machen. – In der Abhandlung aus dem Jahre 1861 giebt Hr. Riemann einen „Beitrag zu den Untersuchungen über die Bewegung eines flüssigen gleichartigen Ellipsoids“ [3]), Untersuchungen, welche durch die Frage nach den Gründen der Gestalt der Himmelkörper ursprünglich angeregt worden sind, und welche Dirichlet in seiner letzten berühmten, nach seinem Tode von Hrn. Dedekind herausgegebenen Arbeit [4]) wieder aufgenommen hat. Herr Riemann hat die Lösung des betreffenden Dirichletschen Problems der Hydrodynamik um ein Bedeutendes gefördert; er hat nicht bloß für den allgemeinen Fall die Ordnung des noch zu integrirenden Systems von Differentialgleichungen um zwei Einheiten erniedrigt, sondern auch für specielle, bis dahin noch nicht behandelte Fälle die vollständige Lösung des Problems gegeben und die Natur der alsdann stattfindenden Bewegung der flüssigen Masse genau discutirt.

Wir haben uns zwar darauf beschränkt, nur die *Resultate* von jenen drei Abhandlungen des Hrn. Riemann anzuführen, weil schon diese für die Beurtheilung des Werthes derselben genügen, aber wir müssen zugleich hervorheben, daß die Methoden nicht weniger als deren Ergebnisse die Bewunderung der Kenner verdienen, und daß auch die einzelnen Ausführungen und Entwickelungen, welche in den erwähnten Arbeiten vorkommen, einen Schatz der wichtigsten und folgereichsten Andeutungen enthalten.

Nachdem wir hiermit nicht nur das seltene Genie des Hrn. Riemann, wie es sich in seinen Arbeiten offenbart hat, sondern auch die hervorragende Stellung deutlich bezeichnet haben, welche sein Name in der Geschichte der Wissenschaft unzweifelhaft einzunehmen bestimmt ist, dürfte es der Akademie gerechtfertigt erscheinen, ihm die höchste Auszeichnung zuzuerkennen und ihn unter ihre auswärtigen Mitglieder aufzunehmen.

Berlin, den 22. Januar 1866

Kronecker Borchardt Weierstraß

[1]) S. 671–680.
[2]) Ges. Math. Werke, S. 145–164.
Selbstanzeige in Gött. Nachr. Nr. 19, 1859 (= Ges. Math. Werke, S. 165–167).
[3]) Ges. Math. Werke, S. 168–197.
[4]) Untersuchungen über ein Problem der Hydrodynamik; in: G. Lejeune Dirichlet's Werke Bd. 2, Berlin 1897, S. 263–301.

*WV 9*

für Kronecker zum OM
Kummer eigenhändig
20. 10. 1860 (AAW, II-IIIa-7, Bl. 165)

Die Unterzeichneten erlauben sich, für die vakante Stelle eines ordentlichen Mitgliedes der mathematisch-physikalischen Klasse der Königlichen Akademie Herrn Dr. Kronecker hierselbst in Vorschlag zu bringen.

Herr Kronecker nimmt unter den besten der jetzt lebenden Mathematiker des Inlandes und Auslandes eine so ehrenvolle Stelle ein, daß unsere Akademie durch seine Aufnahme in die Zahl ihrer ordentlichen Mitglieder nicht allein ihm eine wohlverdiente Anerkennung gewähren, sondern auch für sich einen, durch sein vorzügliches Talent und durch seine ausgezeichneten wissenschaftlichen Arbeiten ihr zur großen Zierde gereichenden Mann gewinnen würde. Seine bisher veröffentlichten Arbeiten, deren vollständiges Verzeichniß wir unten beifügen, bewegen sich in drei verschiedenen Hauptdisciplinen der Mathematik, nämlich in der Zahlentheorie, der Theorie der elliptischen Functionen und der Algebra und betrachten vorzugsweise diejenigen Gebiete derselben, in welchen sie in einander übergreifend ihren tief liegenden inneren Zusammenhang offenbaren. In die Algebra der irrationalen Größen oder die Theorie der Gleichungen höherer Grade ist Herr Kronecker tiefer eingedrungen, als irgend einer der jetzt lebenden oder früheren Mathematiker. Er verdankt seine großen Erfolge in dieser Disciplin einerseits seiner gründlichen Kenntniß der Zahlentheorie, deren Resultate und Methoden er auf dieselbe angewendet hat, andererseits der Theorie der elliptischen und Abelschen Functionen, welche ihm die nicht willkürlich gemachten, sondern naturwüchsigen Gleichungen gewährt haben, durch deren specielle Erforschung er zur Erkenntniß der wesentlichen besonderen Eigenschaften der Gleichungen höherer Grade gelangt ist.

Er hat die Theorie der algebraisch auflösbaren Gleichungen zuerst zu einem bestimmten Abschlusse gebracht, indem er in einer von Dirichlet in unserer Akademie vorgetragenen, in den Monatsberichten vom Juni 1853 erschienenen Abhandlung [1]) das allgemeine Problem gelöst hat, die allgemeinste algebraische Funktion beliebig vieler gegebenen Größen zu finden, welche einer Gleichung von einem gegebenen Primzahlgrade genügt, deren Coefficienten rationale Funktionen jener Größen sind. Während früher in Abels und Galois's Arbeiten nur die nothwendigen und hinreichenden Kriterien der Auflösbarkeit der Gleichungen aufgestellt waren, ohne daß man wußte, ob außer den Gleichungen der Kreistheilung überhaupt noch andere allgemeinere auflösbare Gleichungen existirten, ist man durch diese Arbeit Kroneckers in den wirklichen Besitz aller auflösbaren Gleichungen von Primzahl-Graden gekommen. In derselben Abhandlung findet sich auch das wichtige Resultat, daß alle Abelschen Gleichungen mit ganzzahligen Coefficienten wesentlich nichts anderes sind, als Kreistheilungsgleichungen, da sie auf diese zurückgeführt werden können. Außerdem hat er in einer späteren Abhandlung in den Monatsberichten unserer Akademie und in dem hiesigen mathematischen Journale noch eine Reihe der wichtigsten und interessantesten Sätze über Gleichungen höherer Grade veröffentlicht, z. B. den Satz, daß es keine anderen auflösbaren Gleichungen, deren Grad eine ungerade Primzahl ist, und deren Coefficienten reale Größen sind, geben kann, als solche, welche eine einzige reale Wurzel haben und solche, deren Wurzeln sämtlich real sind. Ferner den Satz, daß die Wurzeln einer jeden ganzzahligen Gleichung, wenn sie alle imaginär sind, und ihre analytischen Module alle gleich Eins, nur Wurzeln der Einheit sein können; und andere mehrere.

Die Auflösung der Gleichungen des fünften Grades mittelst der elliptischen Funktionen hat Kronecker gleichzeitig mit Hermite gefunden, welcher ihm jedoch in der ersten Publikation zuvorgekommen ist. Durch die erste Hermitesche Note über diesen Gegenstand veranlaßt, hat er seine eigenen Untersuchungen über die Gleichungen fünften Grades und deren Auflösung durch elliptische Funktionen in den Comptes rendus der Pariser Akademie und seine, in demselben Sinne weiter gehenden Untersuchungen über die Gleichungen des siebenten Grades in den Monatsberichten unserer Akademie vom April 1858 veröffentlicht. Die achtfach cyclische Funktion von sieben Größen, welche er in dieser Abhandlung aufgestellt hat, giebt das erste Beispiel der von ihm entdeckten mehrfach cyclischen Funktionen, welche diejenigen allgemeinen Affekte der Gleichungen höherer Grade gewähren, die sich in specieller Weise in den Theilungsgleichungen und Modulargleichungen der elliptischen Funktionen finden.

Aus der genauen Erkenntniß der Eigenschaften der Modulargleichungen und namentlich derjenigen Moduln, für welche complexe Multiplikation der elliptischen Funktionen Statt findet, hat Hr. Kronecker mehrere wesentliche Bereicherungen der Theorie der quadratischen Formen geschöpft, unter welchen seine Reductionsformeln für die Klassenzahlen der Formen von negativer Determinante besonders hervorzuheben sind. Mittelst dieser hat er von einem hiesigen gewandten Rechner die Sammlung von Klassenzahlen, welche sich Gauß mit außerordentlicher Mühe nur unvollständig selbst angelegt hatte, direct und vollständig bis zur Determinante —10000 ausrechnen lassen, und zwar in der Art, daß Rechnungsfehler sogleich sichtbar werden, weil die Rechnung selbst die Controle ihrer Richtigkeit giebt. Die gleichzeitigen und die späteren Untersuchungen, welche Hermite über die complexe Multiplikation angestellt hat, stehen nach dessen eigenem Geständnisse weit hinter denen Kroneckers zurück.

Die specielle Aufzählung der vielen interessanten und wichtigen Resultate über die Irreductibilität der Gleichungen, über complexe Zahlen, über Einheiten und andere Gegenstände, welche Herr Kronecker in seinen übrigen mathematischen Aufsätzen veröffentlicht hat, glauben wir zur vollständigen Motivirung unseres Antrags nicht weiter nötig zu haben. Wir enthalten uns auch, auf seine noch unveröffentlichten großen und bedeutenden Arbeiten näher einzugehen, deren neue Resultate und Methoden er uns, die wir in fortwährendem wissenschaftlichen Verkehr mit ihm stehen, mündlich mitgetheilt hat. Nach unserem übereinstimmenden Urtheile sind diese Arbeiten von der Art, daß sie in die Fortentwickelung der mathematischen Wissenschaften unserer Zeit mächtig eingreifen und nicht bloß ein vorübergehendes Interesse haben, sondern bleibende Fortschritte der Wissenschaft enthalten. Wir sind überzeugt, daß diese, so wie die ferneren Arbeiten des Dr. Kronecker unserer Akademie zur Zierde und zum Ruhme gereichen würden, wenn sie durch seine Wahl zu ihrem ordentlichen Mitgliede sich dieselben für ihre Schriften aneignen wollte.

Die von Herrn Kronecker bisher veröffentlichten Schriften sind folgende:

1. Beweis, daß für jede Primzahl $p$ die Gleichung
   $x^{p-1} + x^{p-2} + \cdots + 1 = 0$ irreductibel ist.
   Crelles Journal, Bd. 29, pag. 280 [2]).
2. De unitatibus complexis. Dissert. inaug. Berlin 1845.
3. Ueber die algebraisch auflösbaren Gleichungen im Monatsbericht vom Juni 1853 [3]). Auch von Serret ins Französische übersetzt und in dessen Algèbre supérieure aufgenommen [4]).
4. Mémoire sur les facteurs irréductibles de l'équation $x^n - 1 = 0$ in Liouvilles Journal, Bd. 19, pag. 177 [5]).
5. Note sur les fonctions semblables, ebendas. pag. 279 [6]).
6. Ueber die algebraisch auflösbaren Gleichungen, zweite Abhandlung, Monatsbericht vom April 1858 [7]).
7. Sur quelques fonctions symétriques et sur les nombres de Bernoulli.
   Liouv. Journ., Ser. II, Bd. 1, p. 385 [8]).
8. Sur une formule de Gauß, ebendas. pag. 392 [9]).
9. Démonstration d'un théorème de M. Kummer, ebendas. p. 396 [10]).
10. Démonstration de l'irréductibilité de l'équation
    $x^{n-1} + x^{n-2} + \cdots + x + 1 = 0$,
    ebendas. pag. 399 [11]).

11. Ueber die complexe Multiplikation der elliptischen Funktionen und ihre Anwendung auf Zahlentheorie im Monatsbericht v. October 1857 [12]). Von Hoüel ins Französische übersetzt für Liouvilles Journal, Ser. II, Bd. 3, pag. 265 [13]).
12. Ueber die Gleichungen des siebenten Grades. Monatsbericht 1858 [14]).
13. Sur la résolution de l'équation du cinquième degré in dem Compte rendu v. Juni 1858 [15]), auch in Hermites Schrift sur les équations modulaires [16]).
14. Zwei Sätze über Gleichungen mit ganzzahligen Coefficienten, Borchardts Journal, Bd. 53, pag. 173 [17]).
15. Ueber complexe Einheiten, ebendaselbst pag. 176 [18]).
16. Ueber cubische Gleichungen mit rationalen Coeff., ebendas. Bd. 56, p. 188 [19]).
17. Ueber die Anzahl der verschiedenen Klassen quadratischer Formen von neg. Det., ebendas. Bd. 57, pag. 248 [20]). Von Hoüel ins Französische übersetzt für Liouvilles Journal, Bd. V, p. 289 [21]).
18. Ein Brief von Hrn. Brioschi über die Werthe der Funktionen mehrerer Variabeln in dessen italien. Journal v. J. 1859 [22]).
19. Ein von Hrn. Brioschi in der Mailänder Akademie vorgetragener, nach brieflichen Mittheilungen von Kronecker italienisch bearbeiteter Aufsatz: Sul methodo di Kronecker per la resoluzione delle equazioni di quinto grado [23]).

Berlin, den 20. October 1860.

Kummer
Borchardt
Weierstraß

[1]) Vgl. das dem Antrag angefügte, von Kummer aufgestellte Verzeichnis der Kroneckerschen Veröffentlichungen. Kummer hat die Titel der Arbeiten bisweilen unwesentlich geändert. Offensichtliche Versehen wurden korrigiert, sonst wurde Kummers Zitierung beibehalten.
[2]) 1843.
[3]) S. 365–374.
[4]) J.-A. Serret, Cours d'Algèbre supérieure, 2, [7]1928, S. 684–694.
[5]) 1854, S. 177–192.
[6]) Ebda., S. 279–280.
[7]) S. 203–215.
[8]) 1856, S. 385–391.
[9]) Ebda., S. 392–395.
[10]) Ebda., S. 396–398.
[11]) Ebda., S. 399–400.
[12]) S. 455–460.
[13]) 1858, S. 265–270.
[14]) S. 287–289.
[15]) **46**, S. 1150–1152.
[16]) Paris 1859.
[17]) 1857, S. 173–175 (Borchardts J. = Crelles J.).
[18]) Ebda., S. 176–181.
[19]) 1859.
[20]) 1860, S. 248–255.
[21]) 1860, S. 289–299.
[22]) Annali di Matematica pura ed applicata **2**, 1859, S. 131.
[23]) 1858.

*WV 10*

für Boncompagni zum EM
Borchardt eigenhändig
28. 4. 1862 (AAW, II-IIIb-7, Bl. 8)

Die Unterzeichneten erlauben sich, den Fürsten Baldassare Boncompagni in Rom, Mitglied der Akademie dei nuovi lincei daselbst, Correspondenten der Akademien von Turin, Neapel und Bologna, zum Ehren-Mitglied der Akademie vorzuschlagen.

Der Fürst Boncompagni, ein jüngerer Bruder des Fürsten Piombino, hat sich von seiner Jugend an den mathematischen Studien mit dem regsten Eifer gewidmet. Durch den verdienstvollen Mathematiker Tortolini, den Gründer der italienischen Annalen der Mathematik, gebildet, versuchte er sich schon am Anfang seiner Laufbahn vor etwa zwei Jahrzehnten in einigen eigenen Untersuchungen, von denen eine in das hiesige mathematische Journal aufgenommen wurde [1]).

Bald erkannte er indessen in der Geschichte der Mathematik das wahre Feld seiner Thätigkeit, und indem er seinen berühmten Landsmann Pietro Cossali, von dem er eine Anzahl interessanter nachgelassener Abhandlungen herausgab, zum Vorbild nahm, machte er die Periode der Uebertragung der Mathematik aus dem Orient nach Italien und der ersten Entwicklung in ihrem neuen Vaterlande zum vornehmlichen Gegenstand seiner Forschungen.

Bei der ungenauen Kenntniß, die man bisher von den mathematischen Werken jener Zeit hatte, kam es zunächst auf vollständigere Sammlung der Materialien an. Hierbei beschränkte er sich nicht auf eigene Thätigkeit, sondern wußte durch sein Ansehen und seine Mittel auch Andere in sein Interesse zu ziehen. Von den Ergebnissen, zu welchen er auf diesem Wege gelangte, ist das bedeutendste, daß er die Werke Leonardo's von Pisa, genannt Fibonacci, des Gründers der abendländischen Analysis, in bisher unerreichter Vollständigkeit zusammenbrachte. Unter den von ihm gesammelten Arbeiten desselben befindet sich eine sehr wichtige und seit dem vorigen Jahrhundert für verloren gehaltene, die man nur aus den Auszügen Anderer kannte, und mehrere, von deren Existenz man nicht einmal wußte. Die durch diese Auffindungen vervollständigten Werke Leonardo's gab er in würdiger Weise auf seine Kosten heraus [2]), und über das Leben und die Schriften jenes größten Mathematikers des 13ten Jahrhunderts und einiger seiner Zeitgenossen legte er werthvolle Erläuterungen in den Abhandlungen der Academia dei nuovi lincei nieder.

Ein Mann, der, wie der Fürst Boncompagni, durch seine Geburt vor Vielen bevorzugt, seinen Einfluß und seine Muße anwendet, um Materialien für die Geschichte der Wissenschaft zu sammeln, die aufgefundenen Materialien zu veröffentlichen und durch eigene Mittheilungen zu ergänzen, verdient ohne Zweifel in hohem Maße die Anerkennung, welche die Akademie ihm durch Ernennung zu ihrem Ehrenmitgliede zu Theil werden lassen würde.

Den 28/4. 1862 Borchardt
Kummer

[1]) Recherches sur les intégrales définies; in: Crelles Journal **25**, 1843, S. 74–96.
[2]) Scritti, hrsg. v. Boncompagni, 3 Bde., Rom 1854/62.

*WV 11*

für Cayley zum KM
Borchardt eigenhändig
28. 5. 1866 (AAW, II-IIIb-7, Bl. 124)

Die Unterzeichneten erlauben sich, Herrn Arthur Cayley, Professor der Mathematik an der Universität zu Cambridge und Mitglied der Royal Society, zum Correspondenten der Akademie vorzuschlagen.

Die Akademie hatte bisher unter der Zahl ihrer Correspondenten nur *einen* englischen Mathematiker, den hervorragendsten und berühmtesten derselben, William Hamilton [1]). Seitdem im vorigen Jahr derselbe gestorben ist, befindet sich die Akademie außer aller Verbindung mit den englischen Mathematikern, und dennoch hat sich in England seit etwa 25 Jahren eine neue Schule von Mathematikern, zum großen Theil unter dem anregenden Einfluß von Hopkins in Cambridge gebildet, eine Schule, welche für die neuste Entwicklung der Mathematik von erheblicher Bedeutung ist.

Die beiden Mathematiker dieser Schule, denen man die größte Originalität zuerkennen muß, sind die Herren Cayley und Sylvester, welche, in ihren Forschungen eine sehr ähnliche Richtung verfolgend, sich vielfach gegenseitig ergänzt und in einander gearbeitet haben, sodaß, wenn man gegenwärtig den ganzen Verlauf dieser Forschungen übersieht, es schwierig ist, den Antheil, den jeder von beiden an dem Erfolge hat, genau abzugrenzen.

Gleichzeitig mit der Entstehung der neuen englischen Mathematikerschule (etwa um das Jahr 1840) wurde das Cambridge mathematical Journal gegründet [2]), welches später durch das Cambridge and Dublin [3]) und dann durch das Quaterly math. Journal [4]) weitergeführt wurde. In diesem Journal trat von Anfang an eine vorzugsweise Beschäftigung mit der Algebra der ganzen Functionen mehrerer Variablen und mit den Anwendungen derselben auf die analytische Geometrie hervor.

Nachdem die für dieses Feld fundamentale Theorie der Determinanten, welche von Cramer und Laplace gegründet worden war, durch Gauß, Jacobi und Cauchy eine bedeutende Entwicklung genommen hatte, waren es die Arbeiten eines englischen, leider zu früh verstorbenen Mathematikers, George Boole, über lineare Transformationen, deren Erscheinen im Cambridge-Journal den Anstoß zu einer großen Erweiterung der Determinantentheorie bildete. Die darin enthaltenen Resultate wurden für Cayley zu Ausgangspuncten für eine ausgedehnte Theorie derjenigen Ausdrücke, die er ursprünglich unter einem engeren Gesichtspunct Hyperdeterminanten, später unter einem allgemeineren Invarianten nannte.

Die ersten speciellen Ergebnisse der betreffenden Untersuchungen Boole's und Cayley's bestanden in der Auffindung der beiden Invarianten, welche die binären homogenen Functionen vierten Grades besitzen. Während Boole zuerst nur die Discriminante als Invariante aufstellte, rührt von Cayley die Invariante zweiter Ordnung her, und kurz darauf fand Boole die Invariante dritter Ordnung sowie die Composition der Discriminante aus beiden.

Cayley setzte nicht nur die so glücklich begonnenen Untersuchungen anhaltend fort, sondern dehnte dieselben auch nach und nach immer weiter aus und fügte dem Begriff der Invarianten diejenigen der Covarianten und Contravarianten hinzu. Ueberdies machte er zahlreiche Anwendungen der neuen Theorie auf die analytische Geometrie. Leider sind diese werthvollen Untersuchungen Cayleys in einer zahllosen Menge kleiner Abhandlungen zerstreut, in deren jeder nur ein einzelner Schritt enthalten ist, um welchen er die Theorie weitergeführt hat. Diese aphoristische Art der Publication mag zum Theil ihre Erklärung darin finden, daß

Cayley während einer langen Reihe von Jahren seine Zeit zwischen der Mathematik und der praktischen Beschäftigung als barrister at law theilen mußte.

Seine in dieser Art hingeworfenen Abhandlungen gewähren übrigens eine Vielseitigkeit, wie man sie bei wenigen anderen Autoren wiederfindet. Er behandelt in denselben nicht allein sein oben bezeichnetes Hauptfach, und die demselben zunächst liegenden Themata, wie z. B. die Theorie der Elimination, der schiefen und orthogonalen Determinanten, für welche er zu schönen Resultaten gelangt ist, sondern er beschäftigt sich ebensowohl mit den verschiedensten die Invarianten-Theorie in keiner Weise berührenden Theilen der Geometrie, mit der Theorie der elliptischen Functionen, dem Porisma des ein- und umgeschriebenen Vielecks für Kegelschnitte, mit dem Rotationsproblem, der Störungstheorie, – ja er macht sogar Versuche in der Zahlentheorie, zu welchen er durch das Studium von Gauß' Disquisitiones arithmeticae angeregt worden zu sein scheint.

Aber ein großer Theil dieser Publicationen sind nur gelegentliche Arbeiten Cayley's. Seine wahre Bedeutung liegt in seinen Verdiensten um die Theorie der Invarianten und deren Anwendungen, und diese Verdienste sind es, welche uns veranlassen, Herrn Cayley zum Correspondenten vorzuschlagen.

Berlin, den 28. Mai 1866

Borchardt
Kronecker

[1]) HAMILTON war auf Vorschlag ENCKES am 6. 6. 1839 KM geworden. Der Wahlvorschlag gehört noch zu denen ohne ausführlichere Begründung (AAW, II-IIIb-3, Bl. 107).
[2]) 1 erschien 1839.
[3]) ab 9, 1854.
[4]) 1 erschien 1857.

*WV 12*

für Sylvester zum KM
Kronecker eigenhändig
28. 5. 1866 (AAW, II-IIIb-7, Bl. 142)

Die Unterzeichneten erlauben sich, Herrn James Joseph Sylvester, Professor der Mathematik an der Militair-Akademie zu Woolwich und Mitglied der Royal Society, zum Correspondenten der Akademie vorzuschlagen.

Herr Sylvester, dessen Studienzeit in eine etwas frühere Periode fällt, als die des Herrn Cayley, hat eine von der seines jüngeren Freundes einigermaßen verschiedene Entwickelung genommen. – Seine ersten Publikationen gehören einer Zeit an, in welcher das Cambridge mathematical Journal noch nicht existirte; sie finden sich im Philosophical Magazine und beziehen sich theils auf Gegenstände der Algebra und der Combinatorik. Hervorzuheben sind darunter seine Darstellung der Sturmschen Functionen durch die Wurzeln der betreffenden Gleichung [1]) sowie zwei Abhandlungen über Elimination, von denen namentlich die letztere, welche die Elimination zwischen drei Gleichungen betrifft, von besonderem Interesse ist [2]).

Zwischen diesen Veröffentlichungen und denen aus der neueren Zeit liegt ein mehrjähriger Zwischenraum. Eine Professur an der Universität des Staates Virginia, die er jedoch nur kurze Zeit bekleidete, entfernte ihn zunächst aus seinem Vaterlande, und, dahin zurückgekehrt, war er genötigt, eine Stellung als Beamter einer Lebens-Versicherungs-Gesellschaft anzunehmen, welche seine Zeit der wissenschaftlichen Beschäftigung entzog. Als ihm seine Muße wieder gestattete, zu den mathematischen Studien zurückzukehren, fand er inzwischen die Theorie der Invarianten durch Cayley in ihren Grundzügen aufgestellt. Es war ihm als Meister in der Behandlung der Determinanten nicht schwer, sich in einen so nahe verwandten Gegenstand einzuarbeiten; er bemächtigte sich desselben mit dem ihm eigenen Enthusiasmus, brachte die Invarianten-Theorie in Verbindung mit der Theorie der kanonischen Formen ganzer Functionen und erwarb sich durch seine betreffenden Untersuchungen die hervorragendsten Verdienste um die systematische Entwickelung dieses Theiles der Algebra. Wenn Sylvester seine Forschungen mehr als sein Freund Cayley auf das erwähnte Gebiet beschränkte, so sind andrerseits seine Arbeiten auch erschöpfender und namentlich an systematischer abgerundeter Darstellung denen seines Freundes überlegen, wenn auch in dieser Beziehung ebenfalls nicht mustergültig. Besonders ist die fast erdrückende Menge der von Herrn Sylvester neu eingeführten technischen Ausdrücke zu beklagen, an denen seine Abhandlungen leiden, zumal diese neue Terminologie die dadurch angestrebte Systematik weniger fördert, als sie der Leichtigkeit des Verständnisses Eintrag thut. Aber trotz dieser Mängel der Form bieten zahlreiche Arbeiten Sylvesters durch ihren Inhalt ein bedeutendes Interesse.

Hervorzuheben sind:

On certain general properties of homogeneous functions [3]),

On the general Theory of Associated Algebraical forms [4]),

On the principles of the calculus of forms [5]),

On the calculus of forms [6]),

On the change of systems of independent variables [7]),

sowie die beiden umfangreichen in den Philosophical transactions der Jahre 1853 und resp. 1864 veröffentlichten Abhandlungen

„On a theory of syzygetic relations of two rational integral functions, comprising an application to the theory of Sturm's functions and that of the greatest algebraical common measure.“ [8])

„On the real and imaginary roots of algebraical equations; a trilogy“ [9]),

in welcher letzteren Abhandlung Sylvester eine Discussion der Realität der Wurzeln von Gleichungen fünften Grades in der Weise ausführt, daß die verschiedenen Bedingungen nur in den Invarianten ausgedrückt werden.

Endlich sind unter denjenigen Arbeiten Sylvesters, welche mit der Invarianten-Theorie nicht in Verbindung stehen, als besonders bemerkenswerth diejenigen anzuführen, in welchen er eine Ausdehnung der angenäherten Integration auf Doppelintegrale giebt, sowie eine Reihe von Aufsätzen über die partitio numerorum.

Berlin, den 28ten Mai 1866

Kronecker Borchardt

[1]) On the relation of Sturm's auxiliary functions to the roots of an algebraic equation; in: Plymouth British Assoc. Report 1841 (= The Collected Math. Papers 1, Cambridge 1904, S. 59–60).

[2]) Note on elimination; in: Philos. Mag. 1840 (= Coll. Math. Pap. 1, S. 58) und On an linear method of eliminating between double, treble, and other systems of algebraic equations; in: Philos. Mag. 1841 (= Coll. Math. Pap. 1, S. 75–85). – S. hat in diesen Jahren außerdem noch mehrere Abh. zur Eliminationstheorie veröffentlicht (s. Coll. Math. Pap).

[3]) Cambridge and Dublin Math. Journal 1851 (= Coll. Math. Pap. 1, S. 165–180).

[4]) Ebda. (ebda., S. 198–202).

[5]) Ebda., 1852 (ebda., S. 284–363).

[6]) Ebda. 1852/54 (ebda., S. 402–403, 411–422; 2, 1908, S. 11–27).

[7]) Quat. Journ. of Math. 1857 (= Coll. Math. Pap. 2, S. 65–85).

[8]) Philos. Transact. RS 1853 (= Coll. Math. Pap. 1, S. 429–586).

[9]) Ebda. 1864 (ebda 2, S. 376–479).

*WV 13*

für Clebsch zum KM
Kronecker eigenhändig
17. 2. 1868 (AAW, II-IIIb-7, Bl. 166)

Die Unterzeichneten erlauben sich, der Akademie Herrn A. Clebsch, Professor der Mathematik an der Universität Giessen, zum correspondirenden Mitgliede vorzuschlagen.

Herr Clebsch gehört unstreitig zu den fruchtbarsten und vielseitigsten mathematischen Forschern unserer Zeit. Er hat, seitdem vor etwa zwölf Jahren seine erste Arbeit publicirt worden, in schneller Aufeinanderfolge eine Reihe von meist umfangreichen Abhandlungen über Gegenstände der mathematischen Physik, der Mechanik, der Analysis, der Geometrie und der Algebra erscheinen lassen, welche von seinem Fleiß und Talent ein glänzendes Zeugniß ablegen. Ueberdieß hat er in demselben verhältnißmäßig kurzen Zeitraum mehrere größere Werke veröffentlicht; er hat im Jahre 1862 [1]) ein Lehrbuch über die ,,Theorie der Elasticität fester Körper", im Jahre 1866 [2]) gemeinschaftlich mit Herrn Gordan eine ,,Theorie der Abelschen Functionen" und kurz vorher mit Unterstützung unserer Akademie Jacobi's ,,Vorlesungen über Dynamik" nebst einigen von dessen nachgelassenen Abhandlungen herausgegeben[3]). Nimmt man endlich hinzu, daß Herr Clebsch währenddeß stets in angestrengter aber erfolgreicher Weise als Lehrer mathematischer Disciplinen früher am Polytechnikum in Karlsruhe und in den letzten Jahren an der Universität zu Giessen gewirkt hat, so wird man seiner Arbeitskraft und seiner umfassenden und ausdauernden Thätigkeit die Anerkennung oder selbst Bewunderung nicht versagen können. Diese Anerkennung ist auch Herrn Clebsch insoweit zu Theil geworden, als sein wissenschaftlicher Name bereits im In- und Auslande unter den Fachgenossen sich allgemeiner Achtung erfreut. Die außerordentliche Gewandtheit in der Auffassung, Anwendung und Durchführung der neueren mathematischen Methode, welche überall in den Publicationen des Herrn Clebsch hervortritt, wird ebenso allgemein gewürdigt, wie überhaupt das Verdienst, welches er sich durch die Reihe seiner Arbeiten um die neueste Entwickelung und Ausbreitung der Mathematik erworben hat.

Von den mehr als 40 Abhandlungen des Herrn Clebsch, welche größtentheils in Borchardts Journal [4]) für Mathematik erschienen sind, wollen wir uns begnügen, nur die hervortretendsten nach ihren Gegenständen in Gruppen zusammenzufassen [5]).

In seinen ersten zwei Aufsätzen hat Herr Clebsch die Bewegung eines Ellipsoids in einer tropfbaren Flüssigkeit nach Analogie von Dirichlet's Behandlung der Bewegung einer Kugel untersucht. Zwei der folgenden Aufsätze haben eine allgemeine Transformation der hydrodynamischen Gleichungen zum Gegenstande. Hier zeigt sich bereits das in fast allen späteren Arbeiten wieder hervortretende Streben nach möglichster Verallgemeinerung der Methoden und Resultate. Ausgehend von speciellen mechanischen oder geometrischen Problemen, die eine beschränkte Anzahl von Variabeln enthalten, sucht Herr Clebsch immer die Untersuchung auf eine beliebige Anzahl von Variabeln auszudehnen und durch diese Aufhebung der für die rein mathematische Behandlung unwesentlichen Beschränkungen zu den durchschlagenden Methoden zu gelangen. Herr Clebsch beherrscht die durch die neuere Algebra eingeführten Mittel zur Darstellung und Bewältigung weitläufiger Formeln so vollständig, daß er mit Leichtigkeit und Vorliebe für die specielleren Fälle die nur durch die neuere Symbolik zugänglichen allgemeineren substituirt. Es ist dasselbe erfolgreiche Streben des Herrn Clebsch nach Verallgemeinerung, welchem drei größere Aufsätze über Variationsrechnung, drei Abhandlungen „über das Pfaffsche Problem" und eine „über die simultane Integration linearer partieller Differentialgleichungen" ihre Entstehung verdanken, sämtlich Arbeiten, in welchen die früheren Jacobischen Resultate theils erweitert, theils eleganter und symmetrischer dargestellt worden sind. – Einige der folgenden Abhandlungen des Herrn Clebsch, rein algebraischen Inhalts, stützen sich bei Lösung algebraischer Probleme auf die von Herrn Aronhold eingeführten Principien der Invarianten-Theorie [6]); aber der größere Theil der in den letzten acht Jahren von Herrn Clebsch publicirten Arbeiten ist Untersuchungen aus verschiedenen Gebieten der analytischen Geometrie, oder – specieller ausgedrückt – den mannigfaltigen Anwendungen der neueren Algebra auf die Geometrie gewidmet.

Wie die Geometrie vor Allem den Anstoß zur Behandlung der linearen Transformationen algebraischer Formen gegeben, so hat auch die daraus entstandene Determinanten- und Invariantentheorie in der Geometrie ihre vornehmlichste Anwendung gefunden. Die geometrische Deutung der bezüglichen algebraischen Resultate führte auf die Betrachtung derjenigen Eigenschaften geometrischer Gebilde, welche nicht bloß bei veränderlicher Größe und Lage, sondern überhaupt bei sogenannter collinearer Umwandlung erhalten bleiben. Dem Gebiete dieser Untersuchungen gehört eine Anzahl der verdienstvollen algebraisch-geometrischen Arbeiten des Herrn Clebsch an, deren interessanteste Resultate noch von Herrn Salmon in seine werthvollen, weitverbreiteten Lehrbücher aufgenommen und dadurch zur allgemeinsten Kenntniß gekommen sind. Aber Herr Clebsch hat sich in einer Reihe weiterer Abhandlungen auch eingehend mit geometrischen Interpretationen und Anwendungen derjenigen algebraischen Untersuchungen beschäftigt, welche die nicht linearen *rationalen* Substitutionen zum Gegenstande haben, und denen – obgleich sie auch von selbständig algebraischer Bedeutung sind – doch erst durch die Theorie der Integrale algebraischer Functionen größeres Interesse und aufmerksamere Forschung sich zugewendet hat. Der hier erwähnte Zusammenhang der Analysis und Algebra liegt dem größeren Aufsatze des Herrn Clebsch zu Grunde, welcher unter dem Titel „Anwendungen der Abelschen Functionen in der Geometrie" [7]) geometrisch interpretirte algebraische Probleme mit Hilfe der Riemannschen Theorie der Abelschen Functionen behandelt. Auch hat Herr Clebsch in einer Reihe seiner neueren Arbeiten die Riemannsche, auf die rationalen Substitutionen gegründete Eintheilung algebraischer Gleichungen in Classen oder Gattungen für die Theorie der Curven benutzt und namentlich die ersten beiden Gattungen von Curven ausführlich in Bezug auf diejenigen Eigenschaften untersucht, welche der gesamten Gattung angehören. Endlich hat sich Herr Clebsch neuerdings auch mit der analogen Behandlung einiger *Flächen* beschäftigt, deren Coordinaten rational durch zwei neue Variable ausdrückbar sind, und er hat sowohl für die allgemeinen Flächen dritten Grades wie für die Steinersche Fläche die aus der erwähnten Darstellungsweise sich ergebenden Resultate in zwei seiner letzten Aufsätze entwickelt.

Aus dieser Anführung der Arbeiten des Herrn Clebsch, welche keineswegs auf Vollständigkeit Anspruch machen kann, aus der Wichtigkeit und Mannigfaltigkeit der behandelten Gegenstände und gewonnenen Resultate ist die bedeutsame Stellung zu erklären, welche sich Herr Clebsch unter den Mathematikern erworben hat; sie ist von der Art, daß die deutsche Mathematik unter den Correspondenten unserer Akademie nicht als vollständig vertreten angesehen werden kann, so lange der Name des Herrn Clebsch unter denselben fehlt.

Berlin 17. Februar 1868

Kronecker Borchardt
Auwers Kummer Weierstraß

[1]) Leipzig (XI + 424 S., 8°).
[2]) Ebda. (XIII + 333 S., 8°).
[3]) Berlin 1866 (VIII + 578 S., 4°).
[4]) Borchardts J. = Crelles Journal. – Der erste Band der von Clebsch u. C. Neumann begründeten Mathem. Annalen erschien erst 1869, also *nach* dem Datum der Abfassung des Wahlvorschlags.
[5]) Vgl. Crelles Journal, Inhalt und Namen-Verz. der Bände I–C, Berlin 1887, S. 153–155.
[6]) Vgl. die einführenden Bemerkungen von Aronhold in seiner Abh. Ueber eine fundamentale Begründung der Invariantentheorie; in: Crelles Journal **62**, 1863, S. 281–345.
[7]) Crelles Journal **63**, 1864, S. 189–243.

*WV 14*
für Tschebyschew (Čebyšev) zum KM
Borchardt eigenhändig
19. 6. 1871 (AAW, II-IIIb-7, Bl. 202)

Herr Pafnutij Tschébychew, Mitglied der Petersburger Akademie der Wissenschaften, gehört zu den begabtesten Mathematikern der Gegenwart. Seine klar dargestellten und originellen Abhandlungen sind es hauptsächlich, durch welche die Schriften dieser im Felde der Mathematik im vorigen Jahrhundert so hochberühmten Körperschaft noch jetzt einen wesentlichen Beitrag zum Fortschritt der exakten Wissenschaften liefern.

Die Tschébychewschen Untersuchungen, welche zwar die verschiedensten Theile der Analysis berühren und in die Theorie der Zahlen eingreifen, lassen sich doch in wenige, der Hauptsache nach in zwei, Gruppen zusammenfassen.

Der gemeinschaftliche Boden für die erste Gruppe ist die Theorie der Kettenbrüche, die damit in Zusammenhang stehende interpolatorische Darstellung der Functionen sowie die Lösung unbestimmter Gleichungen, in welchen die Unbekannten nicht ganze Zahlen, sondern ganze in Functionen sind.

Auf ein Problem dieser Gattung führt bekanntlich die von Abel behandelte Aufgabe, die Fälle anzugeben, in welchen sich durch eine endliche Anzahl algebraischer und logarithmischer Functionen ein Integral darstellen läßt, dessen Differential irrational und in welchem die Irrationalität eine gegebene Quadratwurzel ist. Die berühmte Abelsche Lösung machte die gesuchte Integration davon abhängig, daß die Entwicklung der Quadratwurzel in einen Kettenbruch eine periodische wird. Aber die Nicht-Periodicität einer Entwicklung läßt sich durch keine endliche Anzahl von Operationen beweisen. Das Abelsche Kriterium kann daher die Entscheidung der vorgelegten Frage unbeantwortet lassen. Um diese Lücke auszufüllen, stellt Herr Tschébychew wenigstens für den Fall, wo die Function unter dem Quadratwurzelzeichen die 4. Ordnung nicht übersteigt und ihre Coefficienten rationale Zahlen sind, eine anderweitige Methode auf, welche unter allen Umständen durch eine endliche Anzahl von Operationen die Entscheidung herbeiführt [1]).

Zu derselben Gruppe der Tschébychewschen Untersuchungen gehören seine interpolatorischen Darstellungen einer Function [2]), welche zwischen zwei gegebenen Grenzen von geringem aber doch endlichen Unterschied die geringste Abweichung von der gegebenen Function darbieten, sowie seine Interpolation einer ganzen Function nach der Methode der kleinsten Quadrate.

Indem er die Form der interpolatorischen Darstellung gehörig particularisirte und als darzustellende Function den Nullwerth wählte, gelangte Herr Tschébychew zur Theorie der in der practischen Mechanik wichtigen sogenannten Parallelogramme [3]), welche das Umsetzen verschiedener Bewegungsarten in einander vermitteln. Hierin ist Herr Tschébychew nicht bei der Theorie stehen geblieben. Bei seinem letzten Aufenthalt in Berlin zeigte er ein Modell einer von ihm berechneten Vorrichtung dieser Art, welche bei verhältnismäßig einfacher Construction das Wattsche Parallelogramm sowie alle bis jetzt üblichen ähnlichen Vorrichtungen an Präcision übertrifft.

Da es sich bei den zuletzt genannten Problemen darum handelt, eine für endliche Summen geforderte Minimums-Eigenschaft zu erfüllen, aber nicht bei vollkommen freier Wahl der Functionen, sondern durch Functionen von vorgeschriebener Form, namentlich durch ganze Functionen, so hat sich Herr Tschébychew veranlaßt gesehen, diese Probleme unter einem gemeinschaftlichen Gesichtspunkt darzustellen und die zu erfüllenden Bedingungen auf eine Form zu bringen, welche mit den berühmten Differentialgleichungen der Variationsrechnung eine große Aehnlichkeit darbietet.

Die zweite Gruppe der Tschébychewschen Arbeiten bilden diejenigen, welche sich mit einer wichtigen Frage der Zahlentheorie, der Vertheilung der Primzahlen und der Erkennung einer großen Primzahl als solcher beschäftigen.

Bei Gelegenheit seiner kritischen Untersuchungen über das Legendresche assymptotische Gesetz für die Anzahl der Primzahlen bis zu einer gegebenen Grenze hat sich Herr Tschébychew mit der Convergenz der Reihen beschäftigt, welche nicht für alle, sondern nur für Primzahlen summirt werden. Seine Resultate ergeben, daß und warum es Reihen giebt, welche, wie z. B. diejenigen mit dem allgemeinen Term $\frac{1}{n \lg n}$ convergiren, wenn sie nur für Primzahlen summirt werden, während sie divergiren, wenn sie für alle Zahlen summirt werden.

Für die schwierige Entscheidung der Frage, ob eine gegebene große Zahl Primzahl sei, hatte sich bekanntlich Euler der quadratischen Formen von negativer Determinante bedient. Herr Tschébychew dehnt die Eulersche Methode, wenn auch mit bedeutender Einschränkung, auf die quadratischen Formen von positiver Determinante aus und zeigt den Nutzen dieser Ausdehnung, indem er für eine große Zahl, auf welche Legendre bei Betrachtung zweier amicablen Zahlen gekommen war, den von Legendre vergebens gesuchten Nachweis für den Primzahl-Charakter derselben liefert.

Endlich ist Herr Tschébychew der erste Mathematiker, welcher für die Anzahl der Primzahlen bis zu einer hohen Grenze den Ueberschuß der Primzahlen der Form $4n+3$ über diejenigen von der Form $4n+1$ constatirt und für den Unterschied den assymptotischen Ausdruck $\frac{\sqrt{x}}{\lg x}$ angegeben hat[4]).

Es kann kein Zweifel darüber sein, daß der mathematische Aufschwung, welcher sich in neuster Zeit in Rußland bemerklich macht, zum nicht geringen Theil dem Einfluß eines Mannes von so durchdringendem Scharfsinn zuzuschreiben ist.

Unserer Akademie wird es nur zum Vortheil gereichen, mit einem Gelehrten von seinem Verdienst in näheren Verkehr zu treten; wir erlauben uns daher, Herrn Tschébychew zum Correspondenten der Akademie vorzuschlagen.

Berlin den 19. Juni 1871

Borchardt Weierstraß
Kronecker
Kummer
Helmholtz

[1]) Sur l'intégration des différentielles irrationelles; in: Liouvilles Journal 18, 1853, S. 87–111.

[2]) Sur l'interpolation dans le cas d'un grand nombre de données fournies par les observations; in: Mém. de l'Acad. des Sc. de St.-Pétersbourg, Ser. 7, 1, 1859, Nr. 5, S. 1–81. – Sur l'interpolation par la méthode des moindres-carrés; ebda., Nr. 15, S. 1–24.

[3]) Théorie des mécanismes connus sous le nom de parallélogrammes; in: Mém. prés. à l'Acad. des Sc. de St.-P. par div. savants 7, 1854, S. 539–568.

[4]) Vgl. Œuvres de P. L. Tchebychef, publiées par A. Markoff et N. Sonin, 2 Bde., Petersburg 1899/1907 und Vollständige Ausgabe (russ.), 5 Bde., Moskau-Leningrad 1946/51.

*WV 15*

für Salmon zum KM
Kummer eigenhändig
20. 4. 1873 (AAW, II-IIIb-7, Bl. 240)

Wahlvorschlag für Herrn George Salmon, D. D., F. R. S. in Dublin, als Correspondenten für das Fach der mathematischen Wissenschaften.

Herr G. Salmon in Dublin ist einer derjenigen englischen Mathematiker, welche auf die Entwicklung der mathematischen Wissenschaften in England und nicht weniger auch in Deutschland einen hervorragenden Einfluß gehabt haben und noch haben. Er hat die vorwiegend formale Richtung der Engländer in der Algebra mit durchgemacht, ist aber dabei nicht stehengeblieben, sondern hat sich mit ausgezeichnetem Erfolge der Erforschung der wesentlichen Eigenschaften der geometrischen Gebilde und ihres inneren Zusammenhanges zugewendet. In der Kunst der Anwendung der Algebra auf Geometrie möchte er kaum von einem der jetzt lebenden Mathematiker übertroffen werden.

Von den wichtigen neuen Resultaten, welche die Wissenschaft Herrn Salmon verdankt, mögen hier nur einige angeführt werden. Er hat zuerst (vor Steiner) das Vorhandensein der 27 graden Linien auf den allgemeinen Flächen dritten Grades nachgewiesen. Er hat auch zuerst die zwei wesentlich verschiedenen Arten von Raumcurven vierten Grades von einander getrennt und die allgemeine Theorie der algebraischen Raumcurven bis zu dem Punkte geführt, auf welchem sie jetzt noch steht (die vollständige Erledigung dieser Theorie gehört auch gegenwärtig noch zu den ungelösten Problemen). Er hat auch zuerst den Einfluß der Doppel- und Schneide-Curven der Flächen auf die Erniedrigung des Grades der polaren Flächen untersucht, und wenn gleich diese und viele ähnliche Untersuchungen desselben noch nicht bis zu dem Grade der Vollkommenheit gediehen sind, welche von vollendeten Untersuchungen zu fordern ist (da sie namentlich nur unter der Voraussetzung einer gewissen Allgemeinheit geführt sind und darum eine sichere Anwendung auf gegebene specielle Flächen nicht gestatten), so verdienen sie doch als die ersten Schritte in dieser schwierigen Theorie eine gerechte Anerkennung.

Diese und eine große Anzahl anderer werthvoller geometrischer Untersuchungen hat Herr Salmon zuerst in dem Cambridge and Dublin mathematical Journal veröffentlicht und später in seine selbständigen mathematischen Schriften aufgenommen. Diese sind:

1.) Higher plane curves, Dublin 1852
2.) Conic sections, London 1855
3.) Higher Algebra, Dublin 1859
4.) Analytic Geometry of three dimensions, Dublin 1862.

Es ist namentlich dieses letzte Werk, welches eine Fülle neuer Untersuchungen und wissenswerther Resultate enthält und welches darum auch auf die Weiterentwicklung der Geometrie in Deutschland einen großen Einfluß ausgeübt hat.

Berlin den 20. April 1873

Kummer
Borchardt
Kronecker
Weierstraß

*WV 16*

für Schläfli zum KM
Borchardt eigenhändig
21. 4. 1873 (AAW, II-IIIb-7, Bl. 243)

Die Unterzeichneten erlauben sich, Herrn Ludwig Schläfli, ordentlichen Professor der Mathematik an der Universität Bern, zum Correspondenten der Akademie in Vorschlag zu bringen.

Der Name und eine der bedeutendsten Leistungen Schläfli's sind der Akademie bereits bekannt, welche demselben in der Leibnizsitzung des Jahres 1870 den *Steiner*schen Preis zuerkannte[1]). Diese Anerkennung beschloß die Akademie auf Grund seiner wichtigen Untersuchungen über die Oberflächen dritter Ordnung, sie sprach es bei dieser Gelegenheit aus, daß seit der Einführung der Flächen dritter Ordnung in das Bereich der mathematischen Forschung die Schläflischen Arbeiten den größten Fortschritt auf diesem Gebiet bewirkt haben.

Obgleich diese Leistung allein eine hinreichende Motivirung für unsern heutigen Vorschlag bildet, so möge es uns gestattet sein, über seine übrigen Arbeiten einige Worte hinzuzufügen.

Man weiß, daß in neuster Zeit die Ausdehnung der geometrischen Vorstellungen auf einen Raum von mehr als drei Dimensionen die Mathematiker beschäftigt und daß diese Untersuchungen auf die Analysis eine befruchtende Rückwirkung in derselben Weise geübt haben, wie in früheren Stadien die Cartesische Einführung der Coordinaten in der Geometrie.

Ein Vorläufer dieser jetzt von allgemeineren Gesichtspunkten ausgehenden Richtung der Untersuchung ist Herr Schläfli, welcher für eine Reihe einzelner interessanter Probleme ihre Ausdehnung auf $n$ Dimensionen gefunden und so die sachgemäße Art ihrer Lösung erprobt hat.

Unter den Problemen, welche er auf $n$ Dimensionen ausgedehnt oder deren bei dieser Ausdehnung nöthige Modification er angegeben hat, sind zu nennen[2]):

Die Bestimmung der geodätischen Linie auf dem dreiaxigen Ellipsoid, der Satz von der perspectivischen Lage zweier polaren Dreiecke, der Eulersche Satz von der Drehung eines starren Systems aus einer Lage in die andre, die Bestimmung des Volumens eines Kugelsectors.

Die letztgenannte Untersuchung, welche zugleich eine Ausdehnung der regulären Polyeder auf Räume von mehr als drei Dimensionen umfaßt, ist ein vorzügliches Beleg für die Gründlichkeit und Tiefe, mit welcher Herr Schläfli die von ihm behandelten Aufgaben erfaßt.

Obgleich wir den erwähnten Abhandlungen eine Reihe anderer mehr gelegentlicher Arbeiten hinzufügen könnten, welche Herrn Schläfli als einen alle Theile der Analysis beherrschenden Mathematiker zeigen, so ziehen wir es vor, uns auf die genannten Leistungen zu beschränken, welche mit denen aus dem Bereich der analytischen Raumgeometrie zusammen die wissenschaftliche Bedeutung des Herrn Schläfli am schärfsten charakterisiren und uns bestimmt haben, der Akademie seine Wahl zum Correspondenten vorzuschlagen.

Berlin, den 21. April 1873

Borchardt
Weierstraß
Kummer
Kronecker

[1]) Da auf die gestellte Preisaufgabe keine Lösung eingegangen war, wurde den Bestimmungen der Stiftung entsprechend der Preis für vorliegende Veröffentlichungen erteilt. Das Gutachten gab Borchardt ab (AAW, II-XIIIe-1, Bl. 72–73). Es handelte sich um folgende Publikationen Schläflis:

- An attempt to determine the twenty-seven lines upon a surface of the third order, and to divide such surfaces into species in reference to the reality of the lines upon the surface; in: Quaterly Journal of Mathematics **2**, 1858, S. 55–65 u. 110–120.
- On the distribution of surfaces of the third order into species, in reference to the absence or presence of singular points, and the reality of their lines; in: Philosophical transactions RS **153**, 1863, S. 193–241 (vorgelegt von Cayley).

[2]) Vgl. Ludwig Schläfli, Ges. Math. Abhandlungen, 3 Bde., Basel 1950–1953.

*WV 17*

für Broch zum KM
Borchardt eigenhändig
6. 12. 1875 (AAW II-IIIb-8, Bl. 103)

Die Unterzeichneten schlagen Herrn Ole Jacob Broch, Professor der Mathematik an der Universität Christiania, zum Correspondenten vor.

Herr Broch hat seine wissenschaftliche Laufbahn im Jahre 1839 durch mehrere mathematische und mathematisch-physikalische Arbeiten auf höchst ehrenvolle Weise begonnen. Die mathematischen Abhandlungen, von welchen eine in die Schriften der savants étrangers der Pariser Akademie Aufnahme fand [1]), beziehen sich auf diejenige Form der abelschen Integrale, in welcher die unter dem Integral stehende Irrationalität die $n$-te Wurzel aus einer ganzen Function ist. Seine mathematisch-physikalischen Arbeiten aus dieser Zeit sind theils in norwegischer Sprache erschienen, theils finden sie sich in Dove's Repertorium der Physik, sie beziehen sich sämmtlich auf die Fresnelsche Lichttheorie und lehnen sich größtentheils an die Cauchyschen Untersuchungen über diesen Gegenstand an.

Nachdem Herr Broch, in sein Vaterland zurückgekehrt, die Professur der Mathematik in Christiania übernommen hatte, wurde seine Thätigkeit sehr bald zu einer nach den verschiedensten Richtungen für sein Land einflußreichen.

Die sämmtlichen norwegischen Mathematiker der jüngeren Generation sind seine Schüler gewesen und verdanken ihm einen großen Theil der Anregung zu den von ihnen unternommenen Arbeiten.

Schon während der Zeit dieser rein wissenschaftlichen Thätigkeit fing Herr Broch an, seine Studien auf die Anwendungen der Mechanik auszudehnen. Zeugniß hiervon giebt ein im Jahre 1854 in deutscher Sprache erschienenes Lehrbuch der Mechanik, in welchem diese Anwendungen, namentlich die Lehre von der Elasticität, Tragfähigkeit und Festigkeit fester Körper, von ihrem Widerstande gegen Zerreißen und Zerdrücken, gegen Biegung und Drehung, mit eingehender Tiefe behandelt werden [2]).

Es konnte nicht fehlen, daß sich für Besetzung wichtiger Verwaltungsämter, zu welchen tüchtige Kenntnisse in den exacten Wissenschaften erfordert werden, die Augen auf Herrn Broch richteten als die in Norwegen lange Zeit hindurch einzige hervorragende mathematische Autorität.

Zunächst war es der Bau der norwegischen Eisenbahnen, dessen Leitung Herrn Broch anvertraut wurde[3]). Diese praktische Thätigkeit gab dann später Veranlassung, ihn zu einem anderen und umfassenderen Amt, dem des norwegischen Marine-Ministers zu ernennen, welches er eine Reihe von Jahren hindurch bekleidet hat[4]).

Nachdem er von demselben zurückgetreten war, nahm er seine Professur an der Universität Christiania wieder auf und gab 1867 seinen traité élémentaire des fonctions elliptiques heraus[5]).

Vor einigen Jahren wurde er zum Vertreter Norwegens bei der Pariser Meter-Commission ausersehen und nahm in derselben eine hervorragende Stellung ein. Seine trefflichen in den Procès-verbaux der Pariser Verhandlungen als Annexe aufgenommenen Arbeiten beziehen sich zum Theil auf eine kritische Untersuchung und Neubearbeitung der älteren Fundamental-Arbeiten des metrischen Systems, zum Theil auf Untersuchungen betreffend die Einrichtung der neuen Prototype dieses Systems; sie zeichnen sich sowohl durch gründliche Kenntniß der feinsten Messungs-Methoden und Apparate wie durch strenge mathematische Behandlung aus. – Bei seiner letzten Anwesenheit in jener Commission wurde er von der Pariser Akademie zum Correspondenten erwählt.

Wir glauben, daß Herr Broch durch seine wissenschaftlichen Arbeiten sowie durch die Stellung, welche er in seinem Vaterlande als allgemein anerkanntes Centrum für alle Interessen der exacten Wissenschaften einnimmt, würdig ist, zum Correspondenten unserer Akademie ernannt zu werden.

Berlin d. 6. December 1875

Weierstraß — Borchardt — Kronecker — Siemens
Dove — Kummer

1) Vgl. Sur les formules d'addition des fonctions elliptiques de M. C.-G.-J. Jacobi, dans son „Mémoire sur la rotation d'un corps"; in: Comptes rendus **59**, 1864, S. 999–1004.

2) Lehrbuch der Mechanik, Berlin u. Christiania 1854.

3) 1855–1859.

4) 1869–1872.

5) Christiania.

*WV 18*

für Liouville zum AM
Weierstraß eigenhändig
16. 1. 1876 (AAW, II-IIIb-8, Bl. 118)

Berlin, 16. Januar 1876.

Frankreich besitzt gegenwärtig zwei Analysten ersten Ranges, *Liouville* und *Hermite*. Die hervorragende wissenschaftliche Stellung, welche sie in ihrem Vaterlande einnehmen, und die allgemeine Anerkennung, die ihre eminenten Leistungen bei ihren auswärtigen Fachgenossen gefunden haben, würde es nach unserer Ansicht vollkommen rechtfertigen, daß die Akademie beide Männer, die ihr als correspondirende Mitglieder schon lange angehören – Liouville seit 1839, Hermite seit 1859 – gleichzeitig in die Zahl ihrer auswärtigen Mitglieder aufnähme. Wenn wir uns gleichwohl darauf beschränken, nur in Beziehung auf den ersten einen dahin gerichteten Antrag zu stellen, so geschieht dies theils deswegen, weil er bedeutend älter ist als Hermite, theils auch aus dem Grunde, daß wir geglaubt haben, zur Vervollständigung der Liste unserer auswärtigen Mitglieder, unter denen sich seit *Riemann's* Tode kein Mathematiker befindet, neben einem bedeutenden Analysten auch einen eben so ausgezeichneten und hochangesehenen Vertreter der Geometrie in Vorschlag bringen zu müssen [1]).

Die wissenschaftlichen Arbeiten *Liouville's* sind so zahlreich und viel umfassend, daß wir darauf verzichten müssen, sie alle aufzuzählen und eingehend zu besprechen. Die folgenden Bemerkungen werden aber genügen, um auch denjenigen unserer Herrn Collegen, die nicht Sachverständige sind, eine Anschauung von des Mannes unermüdlicher und erfolgreicher Thätigkeit zu geben.

Liouville, der im Jahr 1809 geboren ist, begann seine schriftstellerische Laufbahn als 23jähriger junger Mann. Schon seine ersten Arbeiten, die in den Jahren 1832–37 in dem Journal de l'école polytechnique erschienen und außer einer Reihe analytischer Fragen hauptsächlich Probleme der Mechanik und mathematischen Physik behandelten, fanden eine solche Anerkennung, daß er bereits im Alter von 24 Jahren eine Professur an der polytechnischen Schule und nicht lange darauf am Collège de France erhielt und schon im Jahre 1839, nachdem er kurz vorher auf *Dirichlet's* Vorschlag zum Correspondenten unserer Akademie erwählt worden war, die Pforten des französischen Instituts dem kaum Dreißigjährigen sich öffneten, der dann alsbald auch den Mitgliedern des Längenbureaus [2]) beigesellt wurde.

Seit dem Jahre 1837 veröffentlichte Liouville seine Arbeiten fast ausschließlich in dem von ihm gegründeten, erst vor Kurzem in andere Hände übergegangenen mathematischen Journal [3]). Dieselben umfassen fast alle Theile der Mathematik, die Algebra, die Functionentheorie, die Anwendungen der Analysis auf Geometrie, Mechanik, Physik, die Zahlentheorie. Kaum irgendeine bedeutende Frage hat während der langen Zeit seiner Wirksamkeit die mathematische Welt in Bewegung gesetzt, in die er nicht mit Verständniß und nicht selten mit dem bedeutendsten Erfolg eingegriffen hätte. Diese Vielseitigkeit der Arbeit war bei Liouville nicht Vielgeschäftigkeit, sondern die Frucht seiner umfassenden, in allen Theilen der Wissenschaft sich zu Hause fühlenden Gelehrsamkeit. Aus der langen Reihe von Abhandlungen, mit denen er die ersten zwanzig Bände seines Journals ausstattete, heben wir besonders hervor die Note zu seines früh verstorbenen Landsmanns *Galois* hinterlassenen Schriften über Algebra[4]), seine Untersuchungen über die Theorie der Elimination, über die Differentiale mit gebrochenem Index, über die gemeinschaftlich mit seinem Freunde *Sturm* entdeckten allgemeinen Principien, von welchen in den Aufgaben der mathematischen Physik die Entwickelbarkeit willkürlicher Functionen nach particularen Integralen gewisser linearer Differentialgleichungen abhängt, endlich eine Anzahl kleinerer, aber durchweg interessanter und mit vollendeter Eleganz durchgeführter geometrischer Arbeiten, welche sich auf die Theorie der Flächen und Raumkurven beziehen. Ganz besonders müssen wir aber noch einer höchst bedeutenden, aber einem eigenthümlichen Schiksal verfallenen Arbeit Liouville's gedenken, seiner durch die Originalität des Grundgedankens sich auszeichnenden und in den wesentlichsten Theilen vollständig ausgeführten Theorie der elliptischen Functionen, in der alle Eigenschaften dieser Transcendenten aus ihrer doppelten Periodizität abgeleitet werden. Aus uns unbekannten Gründen hat Liouville von seinen Untersuchungen über diesen Gegenstand Nichts veröffentlicht, aber im College de France ausführliche Vorträge darüber gehalten, so daß zwei seiner damaligen Zuhörer, die Verfasser eines bekannten Lehrbuches[5]), sich das Verdienst haben erwerben können, der mathematischen Litteratur eine höchst werthvolle Arbeit ihrem wesentlichen Inhalte nach zu erhalten – ein Verdienst übrigens, das nicht geschmälert worden wäre, wenn die Verfasser des genannten Buchs, statt in der Vorrede einfach zu sagen, daß sie ihrem Lehrer Liouville viel verdankten, der Wahrheit gemäß anerkannt hätten, daß die ganze Grundlage ihres Werkes Liouville's Arbeit sei. Denn daß die Sache sich so verhält, können wir aus einer Ausarbeitung der Liouville'schen Theorie, welche einer unserer Collegen[6]) vor fast dreißig Jahren nach Vorträgen, die Liouville ihm und einem andern deutschen Mathematiker gehalten, gemacht und mit ausdrücklicher Genehmigung Liouville's *Jacobi*, *Dirichlet* und mehreren anderen Fachgenossen mitgetheilt hat, zur Genüge constatiren.

In den letzten 18 Jahren hat Liouville hauptsächlich nur noch zahlentheoretische Untersuchungen veröffentlicht. Dieselben haben sich nicht eines so ungetheilten Beifalls wie seine frühern Arbeiten zu erfreuen gehabt. Die Schuld daran trägt zum Theil zweifellos die bruchstückweise Mittheilung, welche die Einsicht in den Zusammenhang der Untersuchungen wesentlich erschwert, theils aber auch der Umstand, daß, wie zugegeben werden muß, neben Wesentlichem auch viel minder Wichtiges gegeben wird. Für den aufmerksamen Leser bieten aber auch diese Arbeiten Liouville's eine Fülle werthvoller Resultate und feiner Methoden.

Weierstraß — Borchardt — Kronecker
G. Kirchhoff

1) Nämlich Chasles.
2) Bureau des Longitudes; 1862.
3) Liouville begründete 1836 und gab heraus bis 1874: Journal de Mathématiques pures et appliquées, Paris. Die Zeitschrift wird meist als Liouvilles Journal zitiert. 1875 folgte als Herausgeber H. Resal.
4) Œuvres mathématiques d'Évariste Galois; in: Liouvilles Journal 11, 1846, S. 381–444.
5) Briot und Bouquet, Théorie des fonctions doublement périodiques et en particulier, des fonctions elliptiques, Paris 1859. – 2. Auflage unter dem Titel Théorie des fonctions elliptiques, Paris 1875.
6) Borchardt.

*zu WV 18*

In Anbetracht dessen, daß der Krieg erst wenige Jahre zurücklag, wurde zunächst bei Liouville angefragt, ob er die Wahl annehmen werde. Seine Antwort teilte Kronecker (eigenhändig) am 24. 2. 1876 mit (AAW, II-IIIb-8, Bl. 120):

Dem vorsitzenden Secretar Hrn. Mommsen

Auf ein an Hrn. Liouville im December v. J. gerichtetes Schreiben betreffs der von Mathematikern unserer Akademie in Aussicht genommenen Wahl zum auswärtigen Mitgliede habe ich folgendes Antwortschreiben, datiert vom 22. 12. 75, erhalten:

„Oui, je serais flatté d'obtenir pour mes faibles traveaux les suffrages de vos Géomètres. Les premiers encouragements me sont autrefois spontanément venus des Académies de Berlin et de Turin, c'est-à-dire de Lejeune-Dirichlet, de Jacobi, d'Alexandre de Humboldt [1]) et de Plana, qui m'ont honoré, tant qu'ils ont vécu, de leur amitié, et dont la mémoire me sera toujours chère. Une même gratitude serait due par moi pour toute faveur nouvelle que votre Académie pourrait m'accorder. . . “

Ich erlaube mir, Ihnen dieses mitzutheilen, um berechtigten Anfragen bei der einzuleitenden Wahl zu begegnen.

24. Febr. 76 Kronecker

[1]) Vgl. in diesem Zusammenhang die Ergänzung von G. D[ARBOUX] auf S. 2 der von JULES TANNERY herausgegebenen Correspondance entre Lejeune Dirichlet et Liouville, Paris 1910: „Liouville, que j'ai eu l'honneur de suppléer dans son cours de Mécanique rationelle à la Sorbonne, de 1872 à 1878, m'a répété plus d'une fois que Humboldt, ayant fait à Paris la connaissance de Dirichlet, l'avait fait nommer à Berlin *pour avoir le plaisir de causer avec lui.*
Liouville ajoutait: ‚Si, à cette époque, Dirichlet avait pu obtenir une petite place à Paris, nous l'aurions sans doute gardé parmi nous.‘“ – Vgl. ferner KURT-R. BIERMANN, J. P. G. Lejeune Dirichlet . . ., und ders., Über die Förderung deutscher Mathematiker durch Alexander von Humboldt; *in:* Alexander von Humboldt-Gedenkschrift zur 100. Wiederkehr seines Todestages, hrsg. v. d. A. v. Humboldt-Komm. d. Dtsch. Akad. Wiss. zu Bln., Berlin 1959, S. 83–159.

*WV 19*

für Chasles zum AM
Borchardt eigenhändig
17. 1. 1876 (AAW, II-IIIb-8, Bl. 106)

Die Unterzeichneten schlagen Herrn Michel Chasles in Paris, Correspondenten unserer Akademie, zum auswärtigen Mitgliede vor.

Unser Jahrhundert hat im Gebiete der reinen Geometrie drei Männer von hervorragender Bedeutung hervorgebracht, Poncelet, Steiner und Chasles. Seit dem Tode der beiden Ersteren ist Chasles die einzige allgemein anerkannte Auctorität in dem bezeichneten Gebiet. Er ist in demselben in zweifacher Weise, als Forscher und als Geschichtsschreiber, aufgetreten.

Seine Forschungen sind von fundamentaler Bedeutung für die Ausbildung der Methoden in der neueren Geometrie. Es möge genügen, seine klassischen Untersuchungen über die confocalen Oberflächen zweiter Ordnung, über die Attraction der Ellipsoide, über die Composition eines Systems von Kräften, über die Bewegung eines starren Systems in Erinnerung zu bringen. Bis in sein gegenwärtiges hohes Alter ist er in ununterbrochener schaffender Thätigkeit geblieben. Vor nicht länger als einem Jahrzehnt stellte er seine Theorie der Characteristiken auf, welche zu einer ganzen Reihe von Untersuchungen dieser Art den Anstoß gegeben hat.

Als Historiker ist Chasles von gewissen nationalen und persönlichen Schwächen nicht frei geblieben [1]), aber diese haften glücklicherweise fast ausschließlich an rein gelegentlichen Mitteilungen an die Pariser Akademie. In seinen großen und unvergänglichen Leistungen als mathematischer Geschichtsschreiber hatte Chasles eine Aufgabe vor sich, wie sie überhaupt auf den verschiedenen Gebieten des Wissens den Literar-Historikern zufällt. In seinem berühmten, soeben nach 38 Jahren in zweitem Abdruck erschienenen Werke: „Aperçu historique sur l'origine et le développement des méthodes en Géometrie" [2]) kam es ihm darauf an, die umfassende gedruckt vorliegende geometrische Literatur durch tiefes Studium in ihrem vollen Umfange sich anzueignen und eine solche Herrschaft über das ganze Material zu gewinnen, daß er als Darsteller desselben dem Leser ein treues und lebensvolles Bild dieser großen Gedanken-Entwicklung zu geben vermochte. Diese Aufgabe hat Chasles mit meisterhafter Hand gelöst. Alles, was bis dahin von Cossali, Bossut, Montucla und Anderen in der Geschichte der Mathematik geleistet worden war, ist durch Chasles' Aperçu historique weit übertroffen worden, ein Werk, welches durch die geistvolle Durchdringung des Stoffes Lagrange's historische Einleitungen zu den einzelnen Abschnitten seiner Werke am nächsten steht.

Chasles' Aperçu historique hat in der ganzen mathematischen Welt dem Studium der reinen Geometrie einen fühlbaren Impuls und der heutigen Generation der Geometer vielseitige Anregung zu neuen Arbeiten gegeben.

Es wird unserer Akademie zum Vortheil und zur Zierde gereichen, einen Mann von dem Verdienste Chasles' unter ihre auswärtigen Mitglieder zu zählen.

Berlin 17. Januar 1876

Borchardt
G. Kirchhoff
Weierstraß
Kronecker

[1]) Diese Bemerkung bezieht sich offensichtlich auf die „aufgefundenen" Briefe Galileis, Pascals, Newtons u. a., die Chasles 1867/69 der Pariser Akademie vorgelegt hatte. Chasles war einem Fälscher zum Opfer gefallen.

[2]) 1. Aufl. Brüssel 1837; 2. Aufl. Paris 1875.

*zu WV 19*

Wie bei Liouville, so wurde auch bei Chasles zunächst angefragt, ob er die Wahl annehmen werde. Seine Antwort teilte Borchardt (eigenhändig) am 24. 2. 1876 mit (AAW, II-IIIb-8, Bl. 107):

Verehrter Herr College,

Auf meine, an Herrn Michel Chasles gerichtete Anfrage, ob er im Fall seiner Wahl zum auswärtigen Mitgliede unserer Akademie diesen Titel annehmen werde, habe ich von demselben folgende zustimmende Antwort erhalten:

Vous avez la bonté de me faire part d'une pensée dont je vous suis très-reconnaissant. Honoré déjà, depuis ume 20$^{\text{aine}}$ d'années, du titre de correspondant de l'académie de Berlin, comme de diverses autres académies, sans avoir jamais fait, à cet égard, aucune démarche, ni émis aucune pensée d'avenir, j'ai toujours été néanmoins flatté et reconnaissant des marques d'estime accordées à mes efforts dans les progrès de la science; et je le suis, dans ce moment-ci, au sujet de la pensée bienvaillante de Messieurs vos collègues. Il me sera très honorable que mon nom se trouve associé à celui d'un Analyste aussi éminent que notre ami M. Liouville.

Wie ich vermuthe, wird es der Akademie wünschenswerth sein, den Wortlaut dieser Erklärung kennen zu lernen.

Mit vorzüglicher Hochachtung

Ihr ergebener

d. 24. Februar 1876 Borchardt

Herrn Professor Mommsen
Dirigirendem Secretar der
Akademie der Wissenschaften.

*WV 20*

für Malmsten zum EM
Kronecker eigenhändig
17. 10. 1880 (AAW, II-IIIb-8, Bl. 195)

Die Unterzeichneten erlauben sich, Herrn Dr. Carl Johann Malmsten in Upsala zum Ehrenmitgliede der Akademie vorzuschlagen.

Herr Malmsten hat fast zwanzig Jahre hindurch von 1840 bis 1859 als Professor der Mathematik der Universität Upsala angehört. Er ist hierauf als Staatsrath an die Regierung seines Vaterlandes nach Stockholm berufen worden und hat in dieser einflußreichen Stellung eine langjährige segensreiche Wirksamkeit entfaltet. Nach seinem Austritte aus der Regierung hat er alsdann eine Reihe von Jahren hindurch eine hohe Verwaltungsstelle als Landshoevding in Mariestad am Wenersee [1]) bekleidet und ist erst bei Beginn dieses Jahres, fast 66 Jahre alt, in den Ruhestand getreten. Er hat nunmehr seinen Wohnsitz in Upsala genommen, da er bei der vollen Geistesfrische, die er sich bewahrt hat, noch das lebhafteste Bedürfniß der unmittelbaren Theilnahme am wissenschaftlichen Leben seines Landes empfindet.

Herr Malmsten hat vom Anfang seiner Laufbahn an nicht nur als wissenschaftlicher Forscher einen rühmlichen Antheil an der grade in dieser Zeit sehr bedeutenden weiteren Ausbildung der Mathematik genommen und in den verschiedensten Phasen seines äußeren Lebens sich zu erhalten gewußt, sondern er hat auch in seiner Thätigkeit als Lehrer an der Universität Upsala, wie als Mitglied der Regierung in Stockholm einen hervorragenden Einfluß auf die Entwicklung der mathematischen Wissenschaften in Skandinavien ausgeübt. – Die stattliche Reihe werthvoller Arbeiten des Herrn Malmsten, welche in den Abhandlungen der Akademien von Upsala und Stockholm, im hiesigen Journal für die reine und angewandte Mathematik und in Liouville's Journal veröffentlicht und welche zum größten Theile Gegenständen der Algebra und Analysis gewidmet sind, zeugt durchweg von echt wissenschaftlichem Geist, von Schärfe des Gedankens, von umfassender und eindringender Kenntniß der Literatur. Mit bewundernswerther Klarheit und Gewandtheit bezeichnet er in den mustergültigen Einleitungen seiner Aufsätze die historische Entwickelung und den actuellen Stand der behandelten Frage, das Ziel der Untersuchung und den Weg, auf dem es erreicht werden soll. Während er bei seinem lebhaften Interesse für die Sache und bei der großen Beweglichkeit seines Geistes von *allen* Erscheinungen der mathematischen Literatur eingehend Notiz nimmt, zeigt er seinen wissenschaftlichen Takt, indem er die werthvollen erfaßt und sich in dieselben vertieft, um eigene Untersuchungen daran zu knüpfen. Wenige Jahre, nachdem durch die Herausgabe des zweiten Bandes von Abel's Werken die Fragmente seiner Untersuchungen über die Auflösung der algebraischen Gleichungen bekannt geworden sind, macht sich Malmsten an diesen spröden Stoff und bearbeitet denselben in seiner trefflichen Abhandlung, welche den Titel führt „in solutionem aequationum algebraicarum disquisitio" [2]). Schon frühzeitig eignet er sich den eben erst durch Cauchy und Jacobi ausgebildeten Determinanten-Calcül an und zeigt in einem im 39. Bande des Crelleschen Journals publicirten Aufsatze [3]), wie damit ein partikuläres Integral einer linearen Differentialgleichung aus den übrigen fertig dargestellt werden kann. In einer großen Arbeit über die Integration der Differentialgleichungen, welche ursprünglich schwedisch und dann im Jahre 1862 in französischer Uebersetzung im VII. Bande der zweiten Serie des Liouvilleschen Journals erschienen ist [4]), knüpft Malmsten an das Jacobische „Prinzip des letzten Multiplikators" eingehende Untersuchungen, welche zugleich zu bemerkenswerthen Verallgemeinerungen und zu Vereinfachungen Jacobischer Resultate und Methoden führen. Auch die Cauchysche Uebertragung des Begriffes der Integration auf eine solche zwischen complexen Grenzen nimmt Malmsten bald auf und beschäftigt sich mit der strengen Begründung der bezüglichen Sätze in einem im 6. Bande der Abhandlungen der schwedischen Akademie der Wissenschaften abgedruckten Aufsatze [5]). In einigen älteren im Crelleschen Journal erschienenen Aufsätzen liefert er werthvolle Beiträge zur Theorie der bestimmten Integrale (in reellen Grenzen) und der unendlichen Reihen [6]). – Aber außer dieser höchst schätzbaren Thätigkeit, welche Herr Malmsten als mathematischer Forscher entwickelt hat, ist auch noch seine segensreiche Wirksamkeit als Universitätslehrer und als Mitglied der schwedischen Regierung hervorzuheben. Während er in seiner ersteren Stellung als Docent mit seltenem Geschick die Kenntniß der höheren Mathematik und den Sinn für dieselbe in den großen Kreisen seiner Zuhörer, unter denen sich auch der jetzige König von Schweden [7]) befunden hat, zu verbreiten wußte, war er in seiner letzteren einflußreichen Stellung in Stockholm mit Erfolg bemüht, die Sache der Wissenschaft überhaupt, zumal der mathematischen, in der Regierung zu vertreten, so daß man wohl die Blüthe und das Gedeihen der mathematischen Wissenschaften in Schweden zu einem guten Theil als das Werk Malmsten's ansehen kann.

Die vorstehende Darlegung dürfte nicht bloß eine Anerkennung überhaupt, sondern namentlich auch diejenige Art der Anerkennung, welche wir bei der Akademie beantragen, motivirt erscheinen lassen; denn sowohl die mannigfachen Weisen der Förderung, welche die Wissenschaft Herrn Malmsten verdankt, als auch sein Alter und seine Lebensstellung begründen eben jene sachlichen und persönlichen Verhältnisse, welche die Statuten für eine Wahl zum Ehrenmitgliede der Akademie in Aussicht nehmen.

Berlin 17. October 1880

Kronecker
Weierstraß
Kummer.

[1]) Seit 1866.

[2]) In: Crelles Journal **34**, 1847, S. 46–74.

[3]) Moyens pour trouver l'expression de la $n^{\text{ième}}$ intégrale particulière de l'équation linéaire

$$y^{(n)} + Py^{(n-1)} + Qy^{(n-2)} + \cdots + Sy' + Ty = 0,$$

à l'aide des $n-1$ valeurs $y_1, y_2, \ldots, y_{n-1}$ qui satisfont à cette équation; in: Crelles Journal **39**, 1850, S. 91–98.

[4]) Mémoire sur l'intégration des équations différentielles; in: Liouvilles Journal, ser. 2, **16**, 1862, S. 257–374.

[5]) 1868.

[6]) Vgl. Verz. des Inhalts u. Umfangs der Bände 1 bis 50 v. Crelles Journal, Berlin 1855, S. 42–43.

[7]) Oskar II.

*WV 21a*
für Fuchs zum KM
Weierstraß eigenhändig
15. 11. 1880 (AAW, II-IIIb-8, Bl. 193)

Die Unterzeichneten erlauben sich, der Akademie Herrn Lazarus Fuchs, Professor der Mathematik an der Universität zu Heidelberg, zum correspondirenden Mitgliede vorzuschlagen.

Herr Fuchs, der bereits während und unmittelbar nach seiner Studienzeit einige Arbeiten geometrischen, analytischen und zahlenhteoretischen Inhalts veröffentlicht hatte, welche das Talent und ernste Streben des Verfassers bezeugten, ohne doch grade von hervorragender Bedeutung zu sein, lenkte zuerst die allgemeine Aufmerksamkeit der Mathematiker auf sich durch seine im Jahr 1865 erschienene Abhandlung: „Zur Theorie der linearen Differentialgleichungen, deren Coefficienten rationale Functionen einer Veränderlichen sind“ [1]) – eine

Arbeit, aus der seine Begabung für tiefere mathematische Forschung unverkennbar hervorging. Ausgehend von der Ansicht, daß es sich bei einer solchen Differentialgleichung zunächst darum handle, die analytische Natur der durch sie definirten Functionen zu erforschen, fand er hierfür das richtige Princip; indem er das Gesetz nachwies, welches die verschiedenen Zweige einer solchen, im Allgemeinen vieldeutigen Function mit einander verbindet. Dazu war es vor allem erforderlich, das Verhalten der Function in der Umgebung der sogenannten singulären Werthe ihres Arguments zu untersuchen und in analytischen Ausdrücken klar zu legen, was bis dahin allgemein noch nicht geschehen war.

Die principielle Wichtigkeit dieser Untersuchungen springt in die Augen. Daß Herr Fuchs aber mit seiner Arbeit ein äußerst fruchtbares Gebiet der Analysis betreten habe, zeigte sich alsbald auch dadurch, daß nun auch andere Mathematiker in nicht geringer Zahl auf dem von Fuchs eingeschlagenen Wege mit der Theorie der linearen Differentialgleichungen sich zu beschäftigen anfingen, durch deren vereinte Bemühungen diese Theorie in kurzer Zeit mit vielen wichtigen und schönen Ergebnissen bereichert worden ist. Herr Fuchs selbst hat fortdauernd an dieser Arbeit den wesentlichsten Antheil genommen und in einer ansehnlichen Anzahl von Abhandlungen, die einzeln aufzuzählen wir nicht für erforderlich halten, theils seine erste Arbeit ergänzt und in mehreren Punkten vervollkommt, theils gestützt auf die Ergebnisse der allgemeinen Theorie besondere Differentialgleichungen untersucht, wie z. B. diejenigen, denen die Perioden der elliptischen und Abelschen Integrale genügen, namentlich aber sich mit der in den letzten Jahren vielfach verhandelten Frage beschäftigt, unter welchen Bedingungen eine Differentialgleichung der in Rede stehenden Art algebraische Integrale habe. Alle diese Arbeiten des Herrn Fuchs zeichnen sich dadurch aus, daß sie eine bestimmte Frage scharf ins Auge fassen und immer zu einem positiven Resultate führen. Daß Herr Fuchs seine Kräfte hauptsächlich auf die möglichst vollständige Durchforschung des Gebiets der linearen Differentialgleichungen concentrirt hat, dürfte ihm nur in dem Falle als Einseitigkeit zum Vorwurf gemacht werden, wenn seine Untersuchungen nicht mehr etwas wesentlich Neues zu Tage förderten. Daß aber dieser Fall noch nicht eingetreten ist, davon liefern seine neuesten Arbeiten [2]) einen glänzenden Beweis. Herr Fuchs hat nämlich in der jüngsten Zeit die wichtige Entdeckung gemacht, daß das sogenannte Jacobische Umkehrungsproblem, das zu den Abelschen Functionen geführt hat, einer unerwarteten Erweiterung fähig ist, indem er nachgewiesen hat, daß an die Stelle der in dem genannten Problem vorkommenden Transcendenten, deren Ableitungen algebraische Functionen sind, auch solche treten können, deren Ableitungen bestimmten linearen Differentialgleichungen genügen. Dadurch ist die Existenz eindeutiger Functionen mehrerer Veränderlichen bewiesen, welche allgemeiner als die Abelschen, aber mit denselben verwandt sind; und es wird nunmehr die Aufgabe sein, diese Functionen wirklich darzustellen, woraus ohne Zweifel eine wesentliche Bereicherung der Analysis erwachsen wird. Hoffentlich ist es Herrn Fuchs selbst beschieden, an der Lösung dieser Aufgabe seine Kraft zu bewähren; jedenfalls wird ihm das Verdienst bleiben, durch seine schöne Entdeckung die mathematische Forschung auf neue Ziele hingewiesen zu haben.

Berlin, den 15. November 1880

Weierstraß
Kronecker

[1]) Zur Theorie der linearen Differentialgleichungen mit veränderlichen Coefficienten; in: Jahr. Ber. Städt. Gewerbeschule Bln., 1865; glltd., Crelles Journal **66**, 1866, S. 121–160; glltd. (Ergänz.), ebda. **68**, 1868, S. 354–385.

[2]) Vgl. L. Fuchs, Ges. Math. Werke, hrsg. v. R. Fuchs u. L. Schlesinger, 3 Bde., Berlin 1904/09.

*WV 21 b*

für Fuchs zum OM
Kronecker eigenhändig
31. 1. 1884 (AAW, II-IIIa-10, Bl. 89)

Die Unterzeichneten erlauben sich, Herrn Professor L. Fuchs in Heidelberg, dessen Uebersiedelung hierher zu Ostern d. J. in sicherer Aussicht steht, zum ordentlichen Mitgliede der Akademie für das Fach der Mathematik unter Bezugnahme auf die §§ 8 und 16 der Statuten vorzuschlagen.

Da die wissenschaftlichen Verdienste des Hrn. Fuchs schon bei seiner vor drei Jahren erfolgten Wahl zum Correspondenten in dem vom 15. November 1880 datirten Wahlvorschlage ausführlich dargelegt worden sind, so können wir uns heute darauf beschränken, auf die seitdem erschienenen werthvollen Arbeiten des Hrn. Fuchs hinzuweisen, namentlich auf die beiden Mittheilungen, welche in den Sitzungsberichten unserer Akademie vom 22. Juni 1882 [1]) und vom 19. April 1883 [2]) abgedruckt sind und auf die große Abhandlung im I. Bande der Acta Mathematica: ,,Ueber lineare homogene Differentialgleichungen, zwischen deren Integralen homogene Relationen höheren als ersten Grades bestehen" [3]), in welcher der Gegenstand jener Mittheilung vom Juli 1882 vollständig entwickelt ist. Um aber die große Bedeutung der älteren, schon in dem Vorschlage vom November 1880 erwähnten Fuchsschen Untersuchungen hervorzuheben, fügen wir noch hinzu, daß in dem I. Bande der Acta Mathematica (1882) eine bedeutende Arbeit des Herrn Poincaré erschienen ist, welche den Titel führt: ,,Mémoire sur les fonctions Fuchsiennes" [4]), und welche den thatsächlichen Beweis liefert, daß das durch Hrn. Fuchs erschlossene Gebiet der Analysis ebenso ausgedehnt als fruchtbar ist. Wir glauben, daß die Akademie allen Grund hat, den Schöpfer eines neuen Theiles der Analysis, der von der hiesigen Universität berufen werden soll, sich auch ihrerseits im Voraus als ordentliches Mitglied zuzugesellen.

Berlin, 31. Januar 1884.

Kronecker
Kummer Helmholtz
G. Kirchhoff

[1]) Über lineare homogene Differentialgleichungen, zwischen deren Integralen homogene Relationen höheren als ersten Grades bestehen, a. a. O., S. 703–710.

[2]) Über Functionen einer beliebigen Anzahl unabhängiger Variabeln, welche durch Umkehrung der Integrale einer gleich großen Anzahl gegebener Functionen entstehen, a. a. O., S. 507–516.

[3]) 1882, S. 321–362.

[4]) S. 193–294.

*WV 22*

für Casorati zum KM
Kronecker eigenhändig
20. 5. 1886 (AAW, II-IIIb-10, Bl. 23)

Die Unterzeichneten erlauben sich, Herrn Felix Casorati, Professor der Mathematik an der Universität zu Pavia, zum korrespondierenden Mitgliede vorzuschlagen.

Hr. Casorati hat das große Verdienst, die Betheiligung Italiens an der Fortentwickelung der Analysis in der zweiten Hälfte dieses Jahrhunderts dadurch eingeleitet zu haben, daß er die Errungenschaften deutscher und französischer Forschung auf diesem Gebiete der Mathematik in zahlreichen Schriften behandelt und dadurch in seinem Vaterlande eingebürgert hat.

Mit besonders glücklichem Erfolge ist das durch sein größeres Werk „Teorica delle funzioni di variabili complesse" (Pavia 1868) geschehen. In diesem Werke hat er nicht nur eine gründliche, systematische Entwicklung der Fundamente der Theorie der Functionen complexer Variabeln, sondern auch eine schätzenswerthe Darlegung der Geschichte dieser neueren Disciplin gegeben [1]), und es ist vor allem diesem Werke zuzuschreiben, daß der Unterricht in der Analysis in den beiden letzten Jahrzehnten sich in Italien auf eine wesentlich höhere Stufe gehoben hat. Aber Herr Casorati hat sich auch in seinen Schriften als selbständiger mathematischer Forscher bewährt. Es ist ihm gelungen, analytische Theoreme durch neue Beweismethoden zu begründen, Probleme auf scharfsinnige Weise zu lösen und überhaupt mancherlei werthvolle Beiträge zur Förderung der Analysis zu liefern.

Von den zahlreichen Schriften Casorati's, welche unten angeführt sind, wollen wir hier zwei hervorheben. Erstens die Schrift, welche betitelt ist „Il calcolo delle differenze finite interpretato ed accresciuto di nuovi teoremi a sussidio principalmente delle odierne ricerche basate sulla variabilità complessa" (Annali di Matematica 1880) [2]). In dieser Arbeit beschäftigt sich Herr Casorati mit dem Zusammenhang der Theorie der Differenzengleichungen und der Differentialgleichungen, und es ist ihm gelungen, fundamentale Resultate der letzteren Theorie auf diesem Wege herzuleiten. – Zweitens heben wir die Arbeit hervor, welche den Titel führt „Aggiunte a recenti lavori dei sig-i Weierstrass e Mittag-Leffler sulle funzioni di una variabili complessa" (Annali di Matematica 1882) [3]). In dieser Arbeit ist es Herrn Casorati in der That gelungen, einen schätzbaren Beitrag zu den Weierstraßschen Arbeiten über die Darstellung eindeutiger Functionen einer complexen Variabeln zu liefern.

Herr Casorati ist ein in Italien hochangesehener Analyst; der größte Theil der jüngeren italienischen Forscher im Gebiete der Analysis ist aus seiner Schule hervorgegangen, und unsere Akademie hat wohl besondere Veranlassung, ihm eine Anerkennung zu Theil werden zu lassen, da er seit seinem ersten Auftreten als Gelehrter mit Erfolg bemüht gewesen ist, *deutsche* Wissenschaft in Italien zu pflegen und heimisch zu machen.

Berlin, 20. Mai 1886

Kronecker
Fuchs
Helmholtz

[Es folgt ein Verzeichnis von 34 Publikationen Casoratis 1856–1885][4])

[1]) a. a. O., Notizie Storiche, S. 1–143.
[2]) Annali di Matematica pura ed applicata (gewöhnlich als „Tortolinis“ bzw. ab 1867 bisweilen als „Brioschis Journal“ bezeichnet), ser. II, **10**, S. 10–45.
[3]) Ebda., S. 261–278.
[4]) Vgl. F. Casorati, Opere, Bd. 1, Rom 1951.

*WV 23*

für Cremona zum KM
Kronecker eigenhändig
20. 5. 1886 (AAW, II-IIIb-10, Bl. 35)

Die Unterzeichneten erlauben sich, Herrn Luigi Cremona, Senator und Director der Ingenieurschule in Rom, zum correspondirenden Mitgliede der Akademie vorzuschlagen.

Herr Cremona hat durch seine im Laufe der letzten 25 Jahre veröffentlichten werthvollen, zum Theil bahnbrechenden Arbeiten für die Entwickelung der neueren Geometrie Hervorragendes geleistet und gilt jetzt wohl allgemein als einer der Ersten unter den lebenden Geometern.

Seine verschiedenen im Anfange der Sechziger Jahre im Crelleschen Journal sowie in französischen und italienischen Journalen publicirten Untersuchungen über Raumcurven dritter und vierter Ordnung und über besondere Flächen (namentlich über die Steinersche) haben zu Ergebnissen geführt, welche damals einen wesentlichen Fortschritt in geometrischer Erkenntniß bezeichneten, und welche heute allen Geometern geläufig sind. Seine im Jahre 1868 im Crelleschen Journal erschienene große und fundamentale Arbeit über die Flächen dritten Grades[1]) ist dieselbe, welcher im Jahre 1866 die Hälfte des Steinerschen Preises zuerkannt und deren hoher Werth bei der damaligen Beurtheilung der Bewerbungsschriften von unserer Akademie noch besonders anerkannt worden ist[2]). Die Untersuchungen über die allgemeine Theorie algebraischer Flächen, auf welche Cremona diese preisgekrönte Arbeit stützte, hat er nachher noch weiter verfolgt und deren Resultate in einigen Abhandlungen entwickelt, welche in den Schriften der Akademie von Bologna und in den Annali di Matematica abgedruckt sind. Hiernächst erschienen die ebenso originellen als interessanten Arbeiten über seine „eindeutigen Transformationen der Ebene und des Raumes“, welche heute ganz allgemein als „Cremonasche Transformationen“ bezeichnet werden, und welche ebensowohl durch ihre eigene wissenschaftliche Bedeutung als durch die Anregung, die sie so vielen anderen geometrischen Forschern gegeben haben, Cremona's Ruf als ausgezeichneter Geometer dauernd begründet haben.

Herr Cremona hat außer zahlreichen, in italienischen, deutschen, französischen und englischen akademischen Schriften und Journalen publicirten Abhandlungen auch noch ein größeres Werk über projektivische Geometrie[3]) und zwei kleinere Werke „graphische Statik“[4]) und „graphischer Calcul“[5]) verfaßt, welche nicht nur in Italien ungetheilte Anerkennung, sondern auch im Auslande durch deutsche, französische und englische Uebersetzungen allgemeinste Verbreitung gefunden haben.

Wir glauben hiernach, daß die Akademie vollen Grund hat, Herrn Cremona, welcher in seinem Lande als Mensch und Forscher des höchsten Ansehens sich erfreut, durch die vorgeschlagene Wahl ihre Anerkennung auszudrücken.

Berlin, 20. Mai 1886

Kronecker
Fuchs
Helmholtz

[1]) Mémoire de géométrie pure sur les surfaces du troisième ordre; in: Crelles Journal **68**, 1868, S. 1–133.

[2]) Vgl. Vorwort v. Borchardt zum 68. Bd. v. Crelles Journal. Das Urteil über die Arbeit hat Weierstrass abgegeben (AAW, II-XIIIe-1, Bl. 36), – die andere Hälfte des Preises erhielt Rudolf Sturm. Cremona hat 1874 nochmals den vollen Steinerschen Preis (600 Taler) für seine geometrischen Arbeiten erhalten (AAW, II-XIIIe-1, Bl. 81–82).

[3]) Elementi di geometria proiettiva, Turin 1873 (französ. Paris 1875; dtsch. Stuttgart 1882).

[4]) Le figure reciproche nella Statica grafica, Mailand [3]1879 (dtsch. Wien 1873, französ. Paris 1885).

[5]) Elementi d. Calcolo grafico, Turin 1874 (dtsch. Leipzig 1875).

*WV 24*
für Schwarz zum OM
Fuchs eigenhändig
14. 7. 1892 (AAW, II-IIIa-13, Bl. 86–88)

Die Unterzeichneten schlagen der Klasse vor, den ordentlichen Professor an der hiesigen Universität H. A. Schwarz in die Fachstelle für Mathematik als ordentliches Mitglied zu wählen.

H. A. Schwarz wurde im Januar 1843 zu Hermsdorf in Schlesien geboren und bezog im Jahre 1860 die Universität Berlin. Hierselbst erlangte er im Jahre 1864 die Doctorwürde auf Grund der Inauguraldissertation de superficiebus in planum explicabilibus primorum septem ordinum[1]). Folgendes war seine Docentenlaufbahn. Er wurde zuerst an die Universität Halle als außerordentlicher Professor und später an das Eidgenössische Polytechnicum in Zürich berufen. An letzterer Anstalt wirkte er bis zum Herbst 1875. Von diesem Zeitpunkte ab bis Ostern 1892 lehrte er als ordentlicher Professor an der Universität Göttingen. Zu Ostern 1892 siedelte er in gleicher Eigenschaft an die hiesige Universität über.

Wie in seiner Inauguraldissertation beschäftigte sich Herr Schwarz im Anfange seiner wissenschaftlichen Laufbahn zuerst mit Fragen der analytischen Geometrie. Dieses Interesse für die Geometrie behielt er auch bei, als er, angeregt durch die Vorlesungen des Herrn Weierstraß, sich den analytischen Studien zuwendete, indem er hier stets mit Vorliebe theils solche Fragen behandelte, welche durch die Geometrie veranlaßt wurden, theils sich der von der Geometrie dargebotenen Hilfsmittel bediente, um analytische Probleme zu lösen.

Die von Gauss angebahnte conforme Abbildung räumlicher Gebilde auf einander vermittelst der Funktionen complexer Variablen war von Riemann weitergeführt worden. An diese Untersuchungen knüpften die Arbeiten des Herrn Schwarz an, indem er zuerst specielle Abbildungsaufgaben behandelte, dann aber sich besonders derjenigen Abbildungsaufgabe zuwendete, welche mit dem von Riemann so genannten Dirichletschen Princip zusammenhängt. Hier ist besonders die Abhandlung „über die Integration der partiellen Differentialgleichung $\frac{\partial^2 u}{\partial x^2} + \frac{\partial^2 u}{\partial y^2} = 0$ unter vorgeschriebenen Grenz- und Unstetigkeitsbedingungen" hervorzuheben, welche in unseren Monatsberichten im Jahre 1870 gedruckt worden ist[2]). In dieser Abhandlung hat der Verfasser gleichzeitig mit Herrn C. Neumann den ersten strengen Beweis dafür erbracht, daß die Folgerungen, welche aus dem Dirichletschen Princip gezogen worden waren, unter näher bezeichneten beschränkenden Voraussetzungen richtig sind.

Als einen ferneren Ausfluß der Studien über die conforme Abbildung ist die schöne Arbeit zu bezeichnen, welche im 75-ten Bande des Crelleschen Journals veröffentlicht worden[3]). In derselben löst der Verfasser die Frage, unter welchen Umständen die Gauß'sche Reihe eine algebraische Funktion darstellt, und liefert hierdurch das erste Beispiel einer algebraisch integrirbaren linearen Differentialgleichung zweiter Ordnung, dasjenige nämlich, für welches nur drei singuläre Punkte auftreten.

Unter den Arbeiten des Herrn Schwarz haben diejenigen, welche sich auf die Minimalflächen beziehen, den größten Umfang. Herr Weierstraß in den Monatsberichten unserer Akademie vom Jahre 1866[4]) und Riemann im 13-ten Bande der Abhandlungen der Königlichen Gesellschaft der Wissenschaften in Göttingen[5]) hatten das Problem der Minimalflächen für die Anwendung der Theorie der Funktionen complexer Variablen zugänglich gemacht, und Herr Schwarz hat, auf die Arbeiten der genannten Mathematiker sich stützend, und den Anregungen des Herrn Weierstraß folgend, die von Riemann behandelten Beispiele gegebener Begrenzung sich zum Gegenstande eines gründlichen analytischen Studiums vorgenommen. Wie wohl ihm hier gelungen ist, sich den Beifall der Mathematiker zu erwerben, beweist schon der Umstand, daß ihm von unserer Akademie im Jahre 1867 für die Abhandlung „über die Bestimmung einer speciellen Minimalfläche" der mathematische Preis zuerkannt wurde[6]).

Die Anzahl der Arbeiten des Herrn Schwarz ist beträchtlich, wie ein bloßer Blick in die Gesammtausgabe seiner Abhandlungen lehrt, die er selber im Jahre 1890 (Berlin bei Springer)[7]) veranstaltet hat. Wir haben uns hier begnügt, die hauptsächlichsten Aufgaben, mit welchen er sich beschäftigt hat, zu kennzeichnen, und haben es unterlassen müssen, die Verdienste der Arbeiten auch im Einzelnen zu würdigen. Eine solche Würdigung würde ergeben haben, daß in dem größten Theile derselben nicht nur wichtige Fragen in Angriff genommen, sondern auch deren Lösung durch gründliche und strenge Behandlung wesentlich gefördert worden sind.

Ein besonderes Verdienst des Herrn Schwarz ist auch die Herausgabe der Sammlung von Formeln und Sätzen aus den Vorlesungen des Herrn Weierstraß über die Theorie der elliptischen Functionen.

In dem Vorhergehenden glauben wir zur Genüge dargethan zu haben, daß Herr Schwarz auf Grund seiner wissenschaftlichen Arbeiten der Aufnahme in die Akademie würdig sei.

14. Juli 1892 Fuchs
Weierstraß

[1]) Die Promotion erfolgte am 6. 8. 1864; Gutachter der Dissertation war KUMMER.
[2]) S. 767–795.
[3]) Ueber diejenigen Fälle, in welchen die Gaussische hypergeometrische Reihe eine algebraische Function ihres vierten Elementes darstellt, a. a. O., S. 292–335.
[4]) K. WEIERSTRASS, Über die Flächen, deren mittlere Krümmung überall gleich Null ist, a. a. O., S. 612–625 u. 855–856.
[5]) B. RIEMANN, Ueber die Fläche vom kleinsten Inhalt bei gegebener Begrenzung, a. a. O. (Ges. Math. Werke, S. 283–315).
[6]) Berlin 1871.
[7]) 2 Bde.

*WV 25*

für Frobenius zum OM
von Schreibers Hand mit eigenhändigen Zusätzen ([ ]) von Fuchs
10. 11. 1892 (AAW, II-IIIa-13, Bl. 93–95)

Die Unterzeichneten erlauben sich, der mathematisch-physikalischen Klasse der Akademie für die Wiederbesetzung einer der z. Z. vacanten *freien* Stellen die Wahl des Herrn Dr. Georg Frobenius, ordl. Prof. an der hiesigen Universität, in Vorschlag zu bringen.

Zur Motivirung unseres Vorschlags bemerken wir zunächst folgendes. Die Anzahl der Vertreter der reinen Mathematik soll statutenmäßig vier betragen. Gegenwärtig sind aber deren nur drei vorhanden, und von diesen zwei nicht mehr activ, so daß auch, wenn die in der Klasse bereits vollzogene Wahl eines neuen Mitgliedes [1]) perfect sein wird, künftig das Fach der reinen Mathematik nur durch zwei Mitglieder vertreten sein würde, wofern diesem Uebelstande nicht durch Besetzung einer der gegenwärtig vacanten freien Stellen abgeholfen werden könnte. Hierauf einzugehen wird aber die Akademie um so geneigter sein, als sie in Herrn Frobenius ein im besten Mannesalter stehendes, durch Talent und Arbeitskraft gleich ausgezeichnetes Mitglied gewinnen würde. Herr Frobenius hat (mit Ausnahme eines in Göttingen zugebrachten Semesters) hier studirt und nach Vollendung seines Trienniums im Herbst 1870 summa cum laude promovirt[2]). Nachdem er darauf einige Jahre Gymnasiallehrer gewesen war, wurde er Ende 1874 außerordentlicher Professor an der Universität, verließ aber diese Stellung bereits nach drei Semestern, um einem Rufe an das Polytechnicum zu Zürich zu folgen. Hier verblieb er bis zum 1. October dieses Jahres und siedelte dann zur Uebernahme einer ordentlichen Professur an der Universität nach Berlin über.

In den zweiundzwanzig seit seiner Promotion vergangenen Jahren hat Herr Frobenius eine große Anzahl wissenschaftlicher Arbeiten veröffentlicht, welche große Anerkennung gefunden haben.

[Von Band 73 unseres mathematischen Journals[3]) beginnend bis zu den neuesten Bänden, deren wir jetzt 110 zählen, finden wir selten einen Band, in welchem nicht eine Arbeit des Herrn Frobenius enthalten wäre, dagegen enthält mancher Band mehr als eine Arbeit desselben.

Die Gebiete, über welche sich diese Arbeiten erstrecken, sind mannigfaltiger Natur. Anfänglich waren es funktionentheoretische Hilfsmittel, deren er sich bediente, um Beiträge zur Theorie der linearen Differentialgleichungen zu liefern. Schon auf diesem Wege gelang es ihm, werthvolle Resultate für diese Theorie zu gewinnen und eine Neubegründung bereits vorhandener zu liefern.

Bald aber erkannte Herr Frobenius, daß seine Stärke in der Behandlung der mathematischen Formen liege, und von da ab hat er dieses Talent zum Nutzen der Wissenschaft immer weiter ausgebildet, und in der Beherrschung der Formen eine Meisterschaft erreicht, in welcher er von keinem der jetzt lebenden Mathematiker übertroffen wird. Es würde nicht zweckmäßig sein, die Titel seiner zahlreichen Arbeiten hier aufzuzählen; es wird genügen, die verschiedenen Gebiete zu bezeichnen, welche seinem Talente eine Neubegründung oder eine Bereicherung einzelner Disciplinen verdanken. Es sind dieses die Theorie der linearen Differentialgleichungen, die Zahlentheorie, die Algebra, die Gruppentheorie, die Theorie der elliptischen und Abelschen Funktionen und die Theorie der partiellen Differentialgleichungen. In allen Disciplinen, welche er behandelt, wendet er sich der formalen Grundlage zu, und indem er in dem größeren Theile seiner Arbeiten von diesen Grundlagen aus in eigenartiger Weise eine ganze Disciplin aus einheitlichem Gesichtspunkte neu aufbaut, gelingt es ihm, die in dieser Disciplin bereits vorhandenen Resultate in einem neuen Lichte erscheinen zu lassen, vorhandene Lücken auszufüllen, und eine formale Grundlage zu schaffen, welche für die weiteren Untersuchungen vortreffliche Dienste leistet. Jede seiner größeren Arbeiten könnte mit Recht als ein kleines Compendium für die betreffende Disciplin bezeichnet werden.]

Alle seine Arbeiten zeichnen sich aus durch die sichere Beherrschung des Stoffes, alle bringen entweder neue Resultate oder doch bekannte Resultate in neuer Form. Dabei ist Herr Frobenius ein vortrefflicher Stylist, der klar und verständlich schreibt, ohne jemals zu versuchen, den Leser durch hohle Redensarten zu täuschen.

Wir glauben nach allem diesen, daß seine Wahl zum ordentlichen Mitgliede der Akademie dieser nicht minder als ihm selbst zur Ehre gereichen werde.

[Die Wahl des Herrn Frobenius würde der Akademie aus dem Grunde zu besonderem Nutzen gereichen, als Herr Frobenius noch gegenwärtig in der vollen wissenschaftlichen Aktivität steht, und die Akademie sich versprechen kann, durch diese Wahl für ihre zahlreichen bereits vorhandenen und noch neu hinzutretenden Aufgaben auf dem Gebiete der Mathematik eine ausgezeichnete und unermüdliche Arbeitskraft zu gewinnen.

10. 11. 92]

Fuchs
Weierstraß
v. Helmholtz[4])

[1]) H. A. Schwarz.
[2]) Das Thema der Dissertation lautete: De functionun analyticarum unius variabilis per series infinitas repraesentatione; Gutachter waren Weierstrass und Kummer. Die Promotion erfolgte am 28. 7. 1870.
[3]) D. i. Crelles Journal.
[4]) Helmholtz hat nur die Zusätze ([ ]) mitunterzeichnet.

*WV 26*

für Poincaré zum KM
Fuchs eigenhändig
21. 11. 1895 (AAW, II-IIIb-13, Bl. 114–118)

Berlin, den 21. November 1895

Die Unterzeichneten beantragen bei der Klasse, Herrn Poincaré, Membre de l'Institut de France, zu ihrem korrespondirenden Mitgliede zu wählen.

Herr Henri Poincaré, geboren zu Nancy 1854, lehrte zuerst seit 1879 als chargé de cours an der Faculté des Sciences in Caen, wurde 1881 als maître de conférence an die Faculté des Sciences nach Paris berufen und später 1886 zum Professor der mathematischen Physik an derselben Anstalt befördert. Im Jahre 1887 wurde er zum Mitglied des Institut de France gewählt.

Schon in seiner thèse inaugurale 1879, betitelt Sur les propriétés des fonctions définies par des équations aux différences partielles, zeigt sich eine hohe mathematische Begabung. Aber sowohl diese Schrift, wie auch eine Anzahl anderer, welche kurz darauf erschienen waren, erregten erst die Aufmerksamkeit der Mathematiker, als er durch seine Untersuchungen über die eindeutigen Functionen, welche lineare Substitutionen zulassen, sich in die erste Reihe der Mathematiker unserer Zeit gestellt hatte. Diese Functionen, von welchen die elliptischen Functionen ein besonderer Fall sind, bildeten den Gegenstand seiner Forschung in einer Reihe von Aufsätzen, welche in den Comptes Rendus de l'Académie des Sciences de Paris am Anfange der achtziger Jahre erschienen sind, und es gelang ihm im Verlaufe von kaum drei Jahren, eine vollständige Theorie der genannten Functionen in den Acta mathematica niederzulegen, welche zu den schönsten mathematischen Errungenschaften unseres Jahrhunderts gehört. Den Ausgangspunkt seiner Untersuchungen über die genannten Functionen hatten gewisse Umkehrungsprobleme in der Theorie der linearen Differentialgleichungen gebildet. Und gerade in dieser Theorie fanden diese Functionen ihre erste und bedeutsamste Anwendung, indem es Herrn Poincaré gelang, zu zeigen, wie mit Hülfe der genannten Functionen die Integration jener Differentialgleichungen vollzogen werden könne. Aber diese Integration, auf welche er bei Begründung der Theorie der Functionen, welche lineare Substitutionen zulassen, von Anfang an sein Hauptaugenmerk gerichtet hatte, blieb nicht die einzige Anwendung, welche er von derselben machte. Es gelang ihm durch dieselbe, über manche anderen schwierigen Punkte der Analysis helles Licht zu verbreiten und sogar die arithmetische Theorie der Formen mit neuen Gesichtspunkten zu bereichern. Es ist nicht möglich, hier die große Reihe von Abhandlungen über diese Fragen aufzuzählen, welche theils in den Comptes Rendus, theils in den Acta mathematica, theils im Liouvilleschen Journale, theils im Journal de l'École polytechnique und anderswo schon in der Zeit von 1881–1886 erschienen sind.

Das beste Zeugniß von der bewundernswerthen Fruchtbarkeit des genialen Forschers legt der Umstand ab, daß in denselben Zeitraum eine große Anzahl von anderen Arbeiten desselben fallen, welche theils die allgemeine Theorie der Functionen von einer oder mehreren Veränderlichen – ich will nur den einen Satz von hoher Bedeutung erwähnen, welchen Herr Poincaré ausgesprochen und bewiesen hat, daß die functionalen Beziehungen zwischen veränderlichen Größen durch die Darstellung dieser Veränderlichen als eindeutige Functionen von Parametern ersetzt werden können – theils insbesondere die Theorie der Differentialgleichungen und die Theorie der Abelschen Functionen, theils die Algebra und theils auch die Mechanik des Himmels betreffen. Von den zuletzt genannten Arbeiten mag es genügen, die im Bulletin astronomique in den Jahren 84–86 enthaltenen Untersuchungen über Convergenz der in der Astronomie verwendeten Reihen, über das Gleichgewicht einer rotirenden Flüssigkeit, über welche er im 7ten Bande der Acta mathematica eine große und wichtige Arbeit veröffentlicht hat[1]), über die Stabilität des Saturnringes und über besondere Fälle des berühmten Problems der drei Körper zu erwähnen[2]). Es sei gestattet, in Hinsicht des letztgenannten Problems noch Einiges hinzuzufügen. Im Jahre 1885 stellte der König von Schweden[3]) mehrere in den Acta mathematica t. 7 publicirte Preisaufgaben[4]), von denen eine das Problem der drei Körper in sich schloß. Herr Poincaré hatte sich an diesem Wettbewerb betheiligt und eine große Arbeit vollendet, welche vom König von Schweden nach Anhörung der aus den Herren Weierstraß, Hermite, Mittag-Leffler bestehenden Commission im Jahre 1889 gekrönt worden ist[5]). Diese berühmte Arbeit, welche überhaupt einen wahren Schatz von in der Mechanik verwendbaren analytischen Hülfsmitteln enthält, hat das, was auf analytischem Gebiete für das genannte Problem geleistet werden kann, vollkommen abgegrenzt und den Forschern die für dieses Problem einzuschlagenden Wege gewiesen. Es ist unmöglich, hier all die Arbeiten aufzuzählen, welche Herr Poincaré bis jetzt über verschiedenartige Materien noch veröffentlicht hat und welche fast überall die in denselben enthaltenen Probleme in hervorragender Weise gefördert haben. Es möge daher nur noch seiner Verdienste auf dem Gebiete der mathematischen Physik Erwähnung geschehen. Wir haben schon oben erwähnt, daß Herr Poincaré seit dem Jahre 1886 als Professor der mathematischen Physik an der Faculté des Sciences angestellt ist. Begreiflicher Weise hat ein Mann wie Herr Poincaré sich nicht damit begnügt, die bekannten Lehren der mathematischen Physik seinen Zuhörern vorzutragen. Er hat vielmehr aus seiner Stellung Anlaß genommen, eingehende und fruchtbare Studien auf diesem Gebiete zu machen. Bekannt ist z. B. seine lebhafte Betheiligung an der Discussion der Hertzschen Versuche, und seine Vorlesungen über die neuen Methoden der Mechanik des Himmels, über Electricität und Optik, über Elasticität und andere bilden nicht nur eine ausgezeichnete Quelle der Belehrung für alle, welche in die, in denselben behandelten Fragen einzudringen wünschen, sondern sie enthalten auch werthvolle Beiträge zur Lösung dieser Fragen selbst.

Aus der vorhergehenden Darlegung der Verdienste des Herrn Poincaré geht hervor, daß die Wahl desselben zum korrespondirenden Mitgliede der Akademie nur zur Ehre gereichen könne.

Fuchs
H. A. Schwarz
Frobenius

[1]) Sur l'équilibre d'une masse fluide animée d'un mouvement de rotation, a. a. O., 1885, S. 259–380.
[2]) Vgl. H. Poincaré, Oeuvres, Bd. 7, Paris 1952.
[3]) Oskar II.
[4]) S. I–VI.
[5]) Sur le problème des trois corps et les équations de la Dynamique; in: Acta Math. **13**, 1890, S. 1–270.

*WV 27*
für Darboux zum KM
Schwarz eigenhändig
17. 12. 1896 (AAW, II-IIIb-14, Bl. 92–93)

Die Unterzeichneten beehren sich, der Classe vorzuschlagen, Hrn. Gaston Darboux in Paris zum correspondirenden Mitgliede für das Fach der Mathematik zu wählen.

Jean *Gaston* Darboux, geboren 1842 zu Nîmes, wurde im Jahre 1884 als Nachfolger des auch von deutschen Mathematikern hochgeschätzten Puiseux ordentliches Mitglied des Pariser Institut in der Section Géométrie der Académie des Sciences, deren Senior unser auswärtiges Mitglied Hr. Hermite ist und der auch eines unserer kürzlich gewählten correspondirenden Mitglieder, Hr. Poincaré, angehört.

Soviel bekannt ist, war Hr. Darboux das erste mathematische Mitglied der Pariser Akademie, welches nicht aus der École des mines oder der École polytechnique, sondern aus der École normale supérieure hervorgegangen ist.

Unter den Schülern der École normale supérieure hatte eine einsichtsvolle Unterrichtsverwaltung die Tüchtigsten ausgesucht und mit einem Stipendium ausgestattet, damit dieselben sich für den Gelehrtenberuf vorbereiten könnten. Unter diesen befand sich Hr. Darboux. Im Jahre 1872 war er professeur de Mathématiques spéciales am Lycée Descartes, in den Jahren 1872–1881 maître de conférences in der École normale supérieure, während der Jahre 1873–1881 professeur suppléant à la Faculté des Sciences in Paris; seit 1881 ist er ordentlihcer Professor (professeur titulaire) der höheren Geometrie und seit einer längeren Reihe von Jahren Doyen de la faculté des Sciences.

Seit 1884 ist Hr. Darboux, wie erwähnt, Mitglied des Institut; im Jahre vorher hatte ihn die Königliche Gesellschaft der Wissenschaften zu Göttingen zum correspondirenden Mitgliede ihrer mathematischen Klasse gemacht. Seit 1894 ist Hr. Darboux auswärtiges Mitglied der Accademia dei Lincei in Rom. Bei der Zusammenkunft von Delegirten der verschiedenen Akademien, welche zwecks Herausgabe einer fortlaufenden Bibliographie der wissenschaftlichen Literatur in diesem Jahre in London stattfand, war Hrn. Darboux die Ehre zutheil geworden, das Pariser Institut zu vertreten [1]).

Hr. Darboux ist gegenwärtig nicht nur unter den französischen Mathematikern, die für uns bei der Wahl von correspondirenden Mitgliedern in Betracht kommen können, sondern überhaupt unter den Mathematikern aller auswärtigen Nationen unstreitig einer derjenigen, welche die Aufmerksamkeit der Fachgenossen im höchsten Maße auf sich gelenkt haben.

Hr. Darboux ist Begründer und Herausgeber der in weiten Kreisen mit Achtung genannten Zeitschrift, welche gewöhnlich als Bulletin Darboux[2]) citirt wird. Insbesondere verdient die vornehme Art, mit der in dieser Zeitschrift die wissenschaftlichen Arbeiten deutscher Mathematiker besprochen werden, mit Anerkennung hervorgehoben zu werden.

Besondere Ursache haben die Mathematiker, Hrn. Darboux dankbar zu sein für die von ihm besorgte Herausgabe der Werke Fourier's in zwei stattlichen Quartbänden[3]) und für die Herausgabe der Mechanik von Despeyrous in zwei Bänden in groß $8^{vo}$ [4]). Dieses letztere Werk hat Hr. Darboux bei Gelegenheit der Herausgabe mit einer großen Anzahl höchst werthvoller Noten versehen.

Die eigenen Arbeiten Darboux' bewegen sich auf dem Gebiete der Mechanik und der höheren Geometrie, sie sind ausgezeichnet durch ihren Inhalt und ihre Form. Das größte Verdienst aber hat sich Hr. Darboux durch die Herausgabe seines neuen großen vielbändigen Werkes: Leçons sur la théorie générale des Surfaces et les applications géométriques du calcul infinitésimal erworben, dessen erster Band im Jahre 1887 erschienen ist und dessen letzter Band erst vor wenigen Monaten die Presse verlassen hat[5]). Dieses Werk gehört zu dem Hervorragendsten, was in den letzten zehn Jahren auf dem Gebiete der Infinitesimalgeometrie veröffentlicht worden ist; es ist das Studium dieses Werkes fortan für jeden Forscher auf diesem Gebiete unerläßlich. Durch dieses Werk hat Herr Darboux die Arbeit von Monge und Chasles in würdiger Weise fortgesetzt.

Durch die vorstehende Darlegung glauben wir unsere Überzeugung begründet zu haben, daß Hr. Darboux es wohl verdient, von unserer Akademie zu ihrem correspondirenden Mitgliede erwählt zu werden, und daß unsere Akademie sich selbst ehrt, indem sie denselben zu einem der Ihrigen macht.

Berlin, den 17. December 1896.

Weierstraß[6])
H. A. Schwarz
Frobenius
Fuchs

[1]) Vgl. WILHELM LOREY, Das Studium der Mathematik an den deutschen Universitäten seit Anfang des 19. Jahrhunderts (Abh. über den math. Unterricht in Deutschland, hrsg. v. F. KLEIN, 3/9), Leipzig u. Berlin 1916, S. 224–225.

[2]) Bulletin des Sciences mathématiques et astronomiques. Der erste Band erschien 1870.

[3]) Œuvres de Fourier, Paris 1880 u. 1890.

[4]) Cours de Mécanique, Paris 1884 u. 1886.

[5]) Paris 1887–1896.

[6]) Es dürfte sich um eine der letzten von WEIERSTRASS in Akademieangelegenheiten geleisteten Unterschriften handeln; er starb 2 Monate später am 19. Febr. 1897.

*WV 28*

für Schottky zum KM
Frobenius eigenhändig
[Dez. 1899] (AAW, II-IIIb-17, Bl. 142)

Die Unterzeichneten beehren sich, der Akademie die Wahl des Herrn Friedrich Schottky, ordentlicher Professor an der Universität Marburg, zum correspondirenden Mitgliede der physikalisch-mathematischen Classe für das Fach der Mathematik vorzuschlagen.

Schottky ist im Jahre 1851 zu Breslau geboren, studirte 1870–74 in Breslau und Berlin, habilitirte sich 1878 in Breslau als Privatdocent, wurde 1882 als ordentlicher Professor für reine Mathematik an das Polytechnicum in Zürich berufen und 1892 an die Universität Marburg.

Seine Arbeiten schließen sich an die Untersuchungen seines Lehrers Weierstraß über Functionentheorie und Abel'sche Functionen an, noch enger an die Untersuchungen von Riemann. Schon seine Dissertation „Ueber die Abbildung mehrfach zusammenhängender ebener Flächen" [1]) behandelte in der originellsten Weise eine ganz neue Aufgabe und enthielt ganz unerwartete Resultate von der größten Wichtigkeit für die Theorie der Abel'schen Functionen. In seinen weiteren Arbeiten unternahm er es, die Theorie der Abel'schen Functionen von 3 und 4 Variabeln auf die Principien zu gründen, auf denen ursprünglich Rosenhain und Göpel die der Abel'schen Functionen von 2 Variabeln aufgebaut hatten. Es gelang ihm zuerst, einiges Licht über die dunklen Andeutungen zu verbreiten, die Weierstraß über die allgemeinen Thetafunctionen gegeben hatte. Durch eine Rechnung von äußerster Schwierigkeit fand er die vielgesuchte Relation, die zwischen den Constanten der Thetafunctionen von 4 Variabeln bestehen muß, damit sie zu den Abel'schen Functionen vom Geschlecht 4 gehören und bestätigte dadurch endgültig einen der tiefsten Sätze von Riemann, dessen Richtigkeit noch Cayley angezweifelt hatte. Auch die Theorie der neuen von Fuchs und Poincaré eingeführten Functionen, die bei einer Gruppe von linearen Transformationen ihres Arguments ungeändert bleiben, bereicherte er durch einige werthvolle Arbeiten.

Seine großen Leistungen, die eine wesentliche Förderung der schwierigsten Theile der Analysis bilden, machen ihn in hervorragender Weise würdig, zum correspondirenden Mitgliede gewählt zu werden.

[Dez. 1899]

Fuchs H. A. Schwarz Frobenius

[1]) Die Promotion mit dem Thema „Über die conforme Abbildung mehrfach zusammenhängender ebener Flächen" erfolgte am 14. 8. 1875 (Gutachter: Weierstrass).

## 5.

Zweifellos stellen die Würdigungen von zur Aufnahme in die Akademie vorgesehenen Mathematikern aus WEIERSTRASS' und die aus KRONECKERS Feder Höhepunkte in der Formulierung von Wahlvorschlägen überhaupt dar. Es sind wahrhafte Meisterleistungen, in fachlicher wie in stilistischer Hinsicht. Selten nur wurden sie hierin wie auch in ihrer Ausführlichkeit von Vorschlägen durch und für Gelehrte anderer Fachrichtungen erreicht. In der von uns mit ausgewählten Laudationes belegten Zeit waren die Mathematiker in dieser Hinsicht in der Akademie führend. Nach der Jahrhundertwende werden die mathematischen Vorschläge wieder kürzer und weniger eindrucksvoll. Der zuletzt zitierte Vorschlag für SCHOTTKY [1]) ist charakteristisch für die sich anschließende Zeit.

Die gleiche Entwicklung ist übrigens auch in der Universität zu beobachten. Die Gutachten für mathematische Dissertationen und die Prüfungsprotokolle der Doktorexamen sind weder vorher noch nachher so in die Tiefe dringend und in die Breite gehend wie zu der Zeit, da WEIERSTRASS sich auf der Höhe seiner Leistungsfähigkeit befand. Er hat einer ganzen Epoche seinen Stempel aufgedrückt. Was vor ihm noch zumeist tastender Versuch ohne feste Form war, erstarrte nach ihm zu einem gewissen trockenen Schematismus. Natürlich ist das eine kontinuierliche Entwicklung; WEIERSTRASS fand in der Akademie und Universität bereits bemerkenswerte Vorbilder vor, und nach seinem Abtreten gibt es noch vortrefflich und ausführlich motivierte Vorschläge und Gutachten, aber seine Nachfolger fanden einfach nicht mehr die Zeit, sich so in die Einzelheiten zu versenken, wie WEIERSTRASS es tat, und eine kühle Nüchternheit beginnt vorzuherrschen.

Noch eine andere Bemerkung drängt sich auf, wenn wir die oben wiedergegebenen Vorschläge betrachten.

In seinem Vorschlag für LIOUVILLE [2]) bezeichnet WEIERSTRASS es als Zweck seiner Ausführungen, auch den nicht sachverständigen Kollegen in der Akademie eine Anschauung von der Leistung des Vorgeschlagenen zu vermitteln. Daneben liegt *scheinbar* ein weiterer Grund für die allseitige Einschätzung der Kandidaten vor. Es ist dies der Wunsch, auch die Fachleute selbst davon zu überzeugen, daß es richtig und notwendig ist, gerade dem jeweiligen Vorschlag zuzustimmen. Wenn etwa möglichen Gegenargumenten vorgebeugt wird, wendet sich der Vorschlagende ja doch wohl nicht an die Laien, will sagen, die Nichtmathematiker, sondern an die Experten. Das ist jedoch nur scheinbar so, denn tatsächlich sind es nur Gewissenhaftigkeit und Verantwortungsbewußtsein, die die Verfasser der Vorschläge veranlassen, auch Einwänden vorzubeugen bzw. nötige Kritik zu erwähnen. Es ist uns nicht bekannt, daß es zwischen den Mathematikern im betrachteten Zeitraum bei den Zuwahlen zu ernsthaften

Meinungsverschiedenheiten gekommen ist. Borchardt, Kummer, Weierstrass und Kronecker waren eng befreundet; die empfindliche Abkühlung der Beziehungen zwischen den beiden letzteren erfolgte etwa ab 1880[3]). Daß Borchardt am häufigsten als Verfasser von Vorschlägen in Erscheinung tritt, mag in seiner Stellung begründet sein. Als Akademiemitglied ohne festes, dauerndes Verhältnis zur Universität verfügte er über die meiste Muße; als Herausgeber von Crelles Journal stand er mit den führenden Mathematikern auch des Auslandes in ständiger Verbindung und war auch mit deren äußeren Lebensverhältnissen vertraut. Kummer andererseits hat nach Weierstrass' Urteil mit zunehmendem Alter in wachsendem Maße an dem, was außerhalb seines engeren Interessengebietes lag, keinen besonderen Anteil genommen[4]). Die Wirksamkeit der späteren Mathematiker aber, die oben zu Worte kamen, fällt nur noch zum Teil in den von uns betrachteten Zeitabschnitt.

Es wurde erwähnt, daß ein Wahlvorschlag zum AM für Poncelet nicht wirksam geworden ist[5]). Es gibt außerdem nur noch einen Fall, in dem ein Vorschlag für einen Mathematiker der Ablehnung verfallen ist: Die von der Klasse bereits vollzogene Wahl des Mathematikhistorikers und Orientalisten Franz Woepcke fand am 21. 7. 1859 im Plenum nicht die erforderliche Anzahl von Ja-Stimmen[6]). Der eingehende und aufschlußreiche Vorschlag für Woepcke aus der Feder von Encke[7]) wird in anderem Zusammenhang veröffentlicht[8]). Woepckes Wahl verfiel aber nur deshalb der Ablehnung, weil die Mathematiker selbst in ihrer Mehrzahl nicht diese Wahl, sondern bedeutendere „mathematische" Kandidaten, wie vor allem den genialen Riemann, unterstützten, hinter denen der Historiker des Faches naturgemäß zurückzustehen hatte. Waren die Mathematiker einig, so brachten sie ihre Vorschläge durch, nur vereinzelte Gegenstimmen wurden abgegeben.

Daß das Ansehen, das die Mathematik und ihre Vertreter in der Akademie genossen, höchst begründet war, dafür dürften die hier veröffentlichten Vorschläge, die von Männern stammen, deren Namen noch heute jedem Mathematiker teuer sind, einen neuen Beleg bringen. Und so glauben wir hoffen zu dürfen, daß die vorliegende Publikation in gleicher Weise die Geschichte des Faches, die wie erwähnt für die fragliche Zeit nur erst ganz vereinzelt dargestellt worden ist[9]), die Historie „des zweiten großen Zeitalters der Mathematik in der Akademie"[10]) und die Gelehrtengeschichte des vorigen Jahrhunderts zu ergänzen geeignet ist.

*Anmerkungen zu 5*

1) WV 28.
2) WV 18.
3) Vgl. G. Mittag-Leffler, Une page de la vie de Weierstrass; in: Compte rendu du deuxième congrès intern. des mathém. Paris 1900, Paris 1902, insbes. S. 148–152. – Ders., Zur Biographie von Weierstraß; in: Acta Mathematica **35**, 1912, insbes. S. 47–50, 59. – G. Frobenius, Gedächtnisrede auf L. Kronecker; in: Abh. Kgl. Akad. Wiss. zu Bln. 1893, insbes. S. 9.
4) G. Mittag-Leffler, Une page . . ., a. a. O.
5) Vgl. WV 6, Anm. 2.
6) Vgl. Kurt-R. Biermann, Über die Förderung deutscher Mathematiker . . ., S. 105–106.
7) AAW, II-IIIb-6, Bl. 292, v. 29. 5. 1859.
8) Kurt-R. Biermann, F. Woepckes Beziehungen zur Berliner Akademie; erscheint in: Mon. Ber. Dt. Akad. Wiss. zu Bln. **2**, 1960.
9) Das hebt z. B. auch Oskar Becker hervor und bemerkt dazu: „F. Kleins höchst reizvolle ‚Vorlesungen über die Geschichte der Mathematik im 19. Jahrhundert' (Berlin 1926/27) sind ein erster Versuch, freilich in vielen Punkten subjektiv, teilweise geradezu autobiographisch geschrieben." (Größe und Grenze der mathematischen Denkweise, Freiburg u. München 1959, S. 94.)
10) Ad. Harnack, Geschichte der Kgl. Pr. Akad. Wiss. zu Bln., I/2, Berlin 1900, S. 795.

# Namenregister

*Vorbemerkung:* Verfasser von Wahlvorschlägen und zur Wahl vorgeschlagene Mathematiker werden mit allen Seitenzahlen aufgeführt, über die sich der Vorschlag erstreckt, auch wenn auf einzelnen Seiten des Vorschlags der betr. Name nicht besonders in Erscheinung tritt. – „Abelsche Funktionen", „Crelles Journal", „Dirichletsches Prinzip" usw. sind unter „Abel" bzw. „Crelle" bzw. „Dirichlet" usw. miterfaßt.

*In der gleichen Schriftenreihe erschienen:*

*Jahrgang 1959:*

1 ROLF REISSIG: Über die totale Stabilität erzwungener Reibungsschwingungen
1959. 28 Seiten – 10 Abbildungen – 4° – DM 5,–

2 KURT R. BIERMANN: Johann Peter Gustav Lejeune Dirichlet
Dokumente für sein Leben und Wirken. (Zum 100. Todestag)
1959. 87 Seiten – 1 Titelbild – 4 Tafeln – DM 10,50

3 MAX WOLF: Heizkraftwerke auf Luft- und Gasturbinengrundlage
1959. 64 Seiten – 47 Abbildungen – 11 Zahlentafeln – 4° – DM 8,60

4 Kolloquium Energiewirtschaft und Ökonomie der Sektion für Maschinenbau der Deutschen Akademie der Wissenschaften zu Berlin am 22. Oktober 1958 im Pumpspeicherwerk Niederwartha
1959. 68 Seiten – 14 Abbildungen – 4° – DM 7,30

*Jahrgang 1960:*

1 ROBERT ROMPE: Kolloquium inhomogene Felder in festen Dielektrica im Durchschlagsgebiet
Veranstaltet von der Deutschen Akademie der Wissenschaften zu Berlin – Physikalisch-Technisches Institut – Bereich Elektrischer Durchschlag – am 16. und 17. März 1959
1960. 50 Seiten – 35 Abbildungen, davon 9 auf 5 Tafeln – 4° – DM 9,–

2 WALTER PAUER: Einige grundsätzliche Fragen zur Raumheizung
WERNER BOIE / FRIEDRICH DITTRICH: Wärmeversorgungsanlagen der Technischen Hochschule Dresden
NORBERT ELSNER: Bedeutung und Anwendung der Exergie in der Wärmetechnik
In Vorbereitung. Etwa 88 Seiten – 72 Abbildungen – 4°

3 Vorliegendes Heft

4 ERICH KÄHLER: Innerer und äußerer Differentialkalkül
1960. 32 Seiten – 4° – DM 5,50

5 ALFRED JANTE: Über die Spülung von Zweitaktmotoren
In Vorbereitung. Etwa 28 Seiten – 4°

6 H. A. RATHSACK/ELLINOR RAUTENBERG: Untersuchungen zu Schiffsanstrichen II. Teil
In Vorbereitung. Etwa 56 Seiten – 21 Abbildungen – 4°

7 Reaktionskinetik von Elektronenprozessen in Festkörpern
Tagung der Deutschen Akademie der Wissenschaften zu Berlin – Physikalisch-Technisches Institut – Bereich Elektrischer Durchschlag – vom 11. bis 14. April 1960
Herausgegeben von WOLFGANG BÖER
1960. VII, 319 Seiten – 126 Abbildungen, davon 12 auf 3 Kunstdrucktafeln – 12 Tabellen – 4° – DM 23,–

9 WERNER POHLENZ: Die Drehzahlregelung der Kraftmaschinen
(Mitteilungen der Sektion für Maschinenbau)
In Vorbereitung. Etwa 32 Seiten – 21 Abbildungen – 4°

10 HERMANN SCHUMANN: Stähle bei tiefen Temperaturen
In Vorbereitung. Etwa 32 Seiten – 23 Abbildungen – 4°

*Bestellungen durch eine Buchhandlung erbeten*

A K A D E M I E - V E R L A G • B E R L I N

Kolibri 360 GmbH
Ferdinand-Jühlke-Straße 7
99095 Erfurt, Deutschland
produktsicherheit@kolibri360.de